JN262042

スピノサウルス
Spinosaurus

白亜紀前期〜中期　体長約15m

背中に生えた帆が大きな特徴の、いっぷう変わった獣脚類。ただし、コミカルな風貌を侮ることなかれ。体長は約15mとティラノサウルスよりも大きかったことは確実視されている。当然のことながらその口は、人間を捕らえるには十分すぎる大きさだ。

イグアノドン
Iguanodon

ジュラ紀後期〜白亜紀前期
体長約 10m

偉大なる古生物学者、リチャード・オーウェンが「恐竜」と名づけた3種の化石のひとつ。獣脚類や竜脚類とは異なり、鳥盤類という別の大カテゴリーに属する。多数の化石が発見されており、一度はその名を耳にしたことがあるだろう。

カルノタウルス
Carnotaurus

白亜紀中期　体長約9m

南米のパタゴニアで発見された獣脚類。「肉食の雄牛」というその名称の由来に違わず、獰猛な恐竜だったことがうかがえる。しかし、ティラノサウルスと同様に前肢は短く、役立たず。彼らに襲われた時に注意すべきは、強力な顎だけである。

ステゴサウルス
Stegosaurus

ジュラ紀後期　体長約 9m

「屋根をもつトカゲ」を意味する、ポピュラーな恐竜の一種。背中の板状の骨は、当初は天敵から身を守るための装甲だと考えられた。しかし実際は硬い角質ではなく皮膚で覆われており、最近では体温調節のために使われたとの説も提唱されている。

アンキロサウルス
Ankylosaurus

白亜紀後期　体長約10m

パイナップルのようにゴツゴツとしたアンキロサウルス。見た目はキュートで植物食のため、おとなしい恐竜だったと目されるが、体長は10m、体重は10tを超えるものもいた。対処法は象と一緒、とにかく踏み潰されないようにダッシュ！である。

↖

ファヤンゴサウルス
Huayangosaurus

ジュラ紀中期　体長約4m

背ビレのようなスパイクでお馴染みの、ステゴサウルスの仲間。現在の中国に当たる地域に棲息していた。2列のスパイクが背中をびっしりと覆うだけでなく、前肢上部からも真横に突き出ている。刺されたらさぞかし痛そうだが、性格はいたって温厚な植物食恐竜。

→

ガーゴイレオサウルス
Gargoyleosaurus

ジュラ紀後期　体長約３ｍ

一見するとカメのような風貌。鎧竜は剣竜と入れ替わるように白亜紀になって出現したと思われていたが、この化石はワイオミング州のジュラ紀後期のモリソン層から発見されて世界的に注目された。西洋の教会の壁によく彫刻がある怪物「ガーゴイル」から命名。

pen BOOKS

ここまでわかった！　恐竜研究の最前線

恐竜の世界へ。

真鍋 真【監修】　ペン編集部【編】

阪急コミュニケーションズ

プテラノドン
Pteranodon

白亜紀後期　体長約7m

翼竜の代名詞ともいえるプテラノドンは、翼を広げると最大で7mもの大きさがあった。だが、その大きさに比べて骨格はハニカム構造で、体重は驚くほど軽い。力も弱いため、よくある映画のように、人間を捕まえて飛び去ることはできなかった。

ブラキオサウルス
Brachiosaurus

ジュラ紀後期　体長約25m

史上最大の生物である竜脚類のなかでも最大級の大きさを誇る。さらに大きなものには、体長30mを超えるスーパーサウルスやもっと重いものにアルゼンチノサウルスなどが挙げられる。長大な首は、かつて考えられたほどには高く伸ばすことができなかったようだ。

ヴェロキラプトル
Velociraptor

白亜紀後期　体長約2m

俊敏で高い知能をもった、獣脚類の一種。映画『ジュラシック・パーク』では、主人公たちを執拗に追いかけ回す悪役として登場した。中国遼寧省における羽毛恐竜の発見以降は、映画での姿とは異なり、羽毛を纏った姿で描かれるようになった。

スミロドン
Smilodon

新生代第四紀更新世
体長約2m

恐竜が絶滅した後の新生代に繁栄した、我らが哺乳類の祖先たち。スミロドンはそのなかで、サーベルタイガーとも呼ばれるネコ科の大型肉食獣。文字通り剣のように鋭い2本の牙が突き出すコワモテぶりで、小さく見えてもペットにするのは難しい。

トリケラトプス
Triceratops

白亜紀後期　体長約7m

3本の角をもつ、最も有名な恐竜のひとつ。ぐるりとフリルが取り巻いていた頭部の大きさは、陸上生物で最大級を誇っていた。ティラノサウルスなど肉食恐竜に襲われて骨折し、その骨折が治っていると思われる化石も見つかっている。トリケラトプスは敵を撃退していたはずだ。

パラサウロロフス
Parasaurolophus

白亜紀後期　体長約10m

中型の植物食恐竜。獣脚類と同じく2本足で直立歩行をしたと考えられていたが、現在ではこのように時には4足で歩いていたという可能性も。内部が空洞になったトサカ状の突起は笛のように仲間を呼ぶためにも使ったらしい。一度でいいから音色を聞いてみたい。

アマルガサウルス
Amargasaurus

白亜紀前期　体長約10m

アルゼンチンのラ・アマルガ地方に棲息していた小型の竜脚類。首の後ろに並んでいるトゲは、1本が長さ約50cm。トゲだけが生えていたという説と、肉質の帆のようなものを支えていたという説がある。

ティラノサウルス
Tyrannosaurus

白亜紀後期　体長約12m

最近ではスピノサウルスのようにさらに大きな肉食恐竜も見つかっているが、依然として人気ナンバーワンの恐竜。腐肉を喰らったとの説もあるが、最近は生きたトリケラトプスを襲って失敗したと思われる化石も。恐竜ファンとしては格闘の末に獲物を仕留めていたと思いたい。

discovering dino world

パラサウロロフス
Parasaurolophus

白亜紀後期　体長約 10 m

なんといっても印象的なのは、頭頂部から1 m も伸びた筒状のトサカ。メスを奪い合うための武器、水中呼吸用のシュノーケル、仲間を呼び合う“笛”など、用途を巡っては多くの説がある。試しに化石のトサカへ息を吹き込むと、低音の遠くまで響く管楽器のような音がするのだとか。

Images supplied by Jon Hughes of pixel-shack.com

ティロサウルス
Tylosaurus

白亜紀後期　体長約 15 m

中生代の海には魚竜や首長竜などの海生爬虫類がいたが、白亜紀後期に新規参入したのがこのティロサウルスを含むモササウルス類。オオトカゲ類が海に進出し、浮力で体を支えたため大型化できた。

トロサウルス
Torosaurus

白亜紀後期　体長約 8 m

トリケラトプスで有名な角竜のなかでも、最も大仰なフリルを纏(まと)ったタイプ。上部に大きくせり上がり、長さは3 mにも達する。大量絶滅まで生き残った最後の恐竜の一種だ。しかし最近、トロサウルスはトリケラトプスの特に大きな個体でトリケラトプスに分類されるべきだという説が浮上。トロサウルスという学名がなくなってしまうかもしれない。

タペヤラ *Tapejara*

白亜紀前期　体長約 4 m

翼竜にもさまざまな個性がある。ブラジル北部で発見されたタペヤラは帆のようなトサカをもつ変わりダネだ。繁殖期に異性の関心を引くシンボル、という説が有力だが、横風にあおられたら首を骨折する危険性があったという指摘も。こんな頭で果たしてまっすぐ飛べたのだろうか？

アマルガサウルス *Amargasaurus*

白亜紀前期　体長約 10 m

ブラキオサウルスを筆頭とする史上最大の生物、竜脚類の奇形。馬のたてがみのようなトゲは、「神経棘(しんけいきょく)」と呼ばれ、ほかの竜脚類ではこのように長くなることはない。1984年に、ホセ・ボナパルテ博士らの調査隊がアルゼンチンで初めて発見した。

スピノサウルス *Spinosaurus*

白亜紀前期～中期　体長約15m

ワニのように大きな口に不自然な背ビレとアンバランスな体形だが、史上最大級の獣脚類。エジプト、チュニジア、モロッコなど、北アフリカから数多く化石が発見されている。ステゴサウルス同様、背ビレは体温調節の機能を果たしたという説がある。魚食だった可能性も指摘されている。

 Images supplied by Jon Hughes of pixel-shack.com

目次

最新技術が解き明かす、恐竜の「真実」。

熱意で掘り出す、世界の発掘現場レポート

いにしえの生物に、魅せられた人々。

本書は「Pen」2008年5月15日号の特集「少年の夢を探し求めて、恐竜の世界へ。」を再編集したものです。

pen BOOKS

世界の恐竜博物館めぐりへ、出発だ！

激動の地球に君臨した、恐竜の系図。

地殻変動とともに、姿かたちも多彩に。

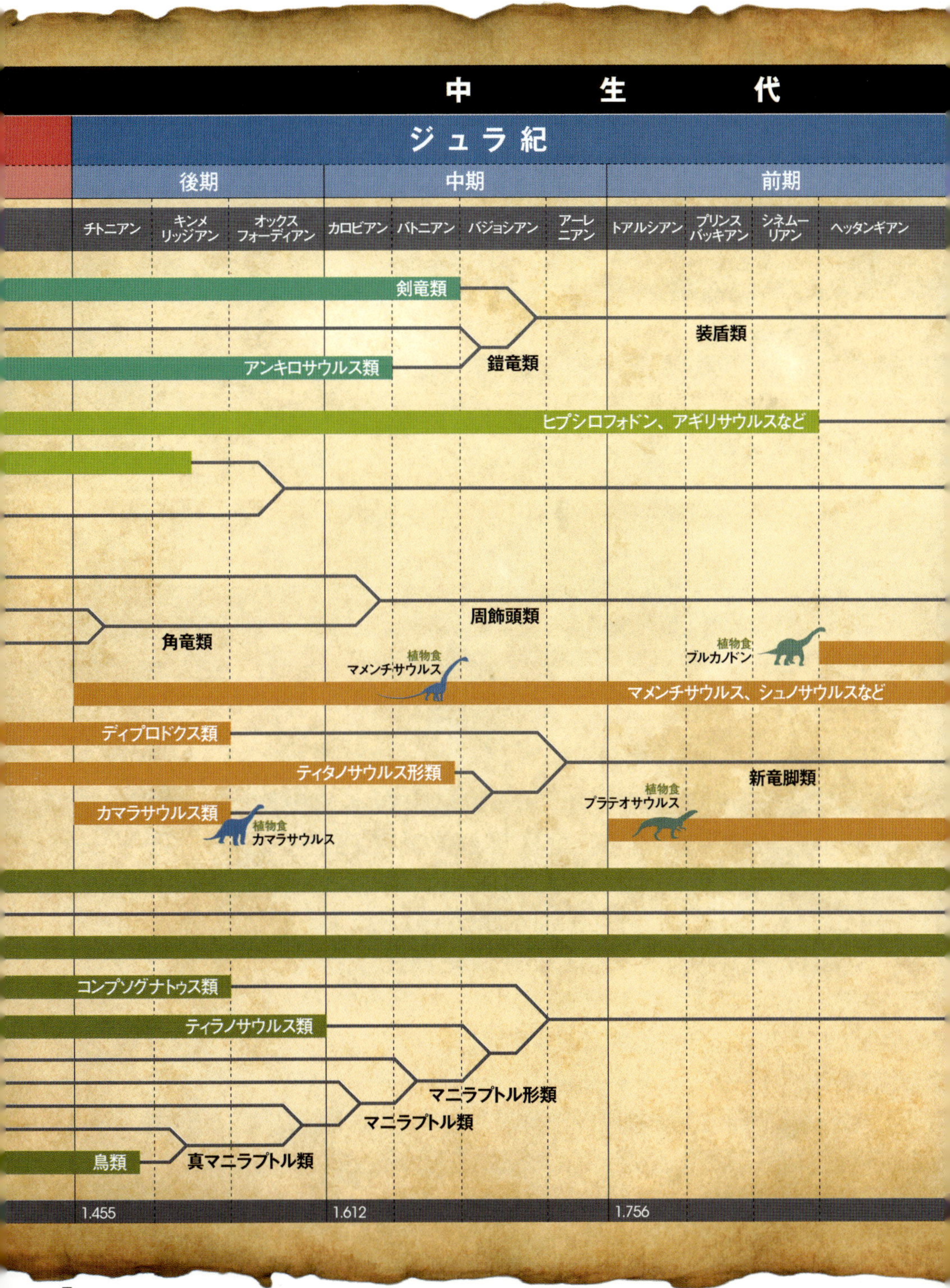
中　生　代
ジュラ紀
後期
中期
前期
チトニアン
キンメリッジアン
オックスフォーディアン
カロビアン
バトニアン
バジョシアン
アーレニアン
トアルシアン
プリンスバッキアン
シネムーリアン
ヘッタンギアン
剣竜類
装盾類
アンキロサウルス類
鎧竜類
ヒプシロフォドン、アギリサウルスなど
周飾頭類
角竜類
植物食
マメンチサウルス
植物食
ブルカノドン
マメンチサウルス、シュノサウルスなど
ディプロドクス類
ティタノサウルス形類
新竜脚類
植物食
プラテオサウルス
カマラサウルス類
植物食
カマラサウルス
コンプソグナトゥス類
ティラノサウルス類
マニラプトル形類
マニラプトル類
真マニラプトル類
鳥類
1.455
1.612
1.756

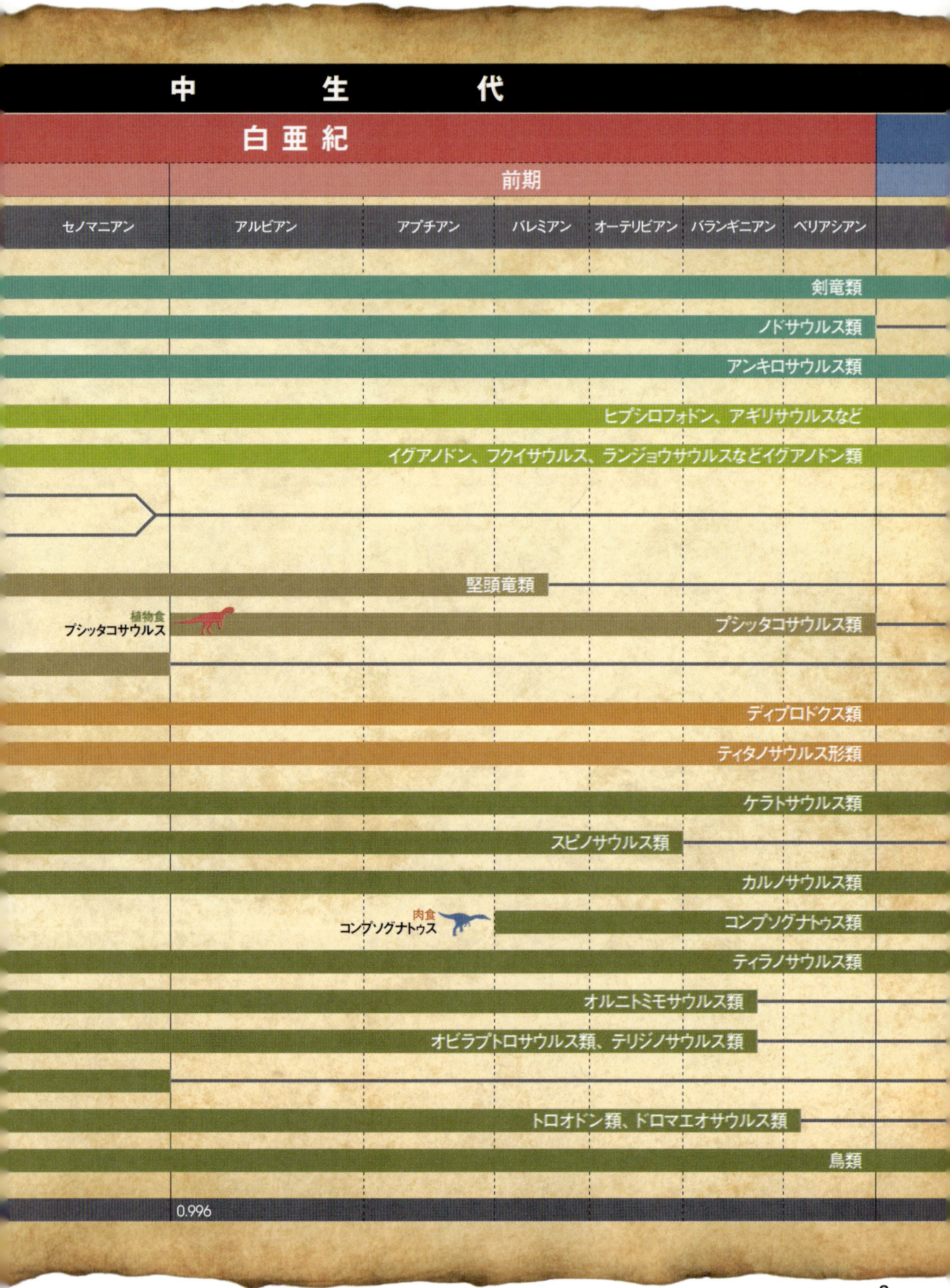
中　生　代
白亜紀
前期
セノマニアン
アルビアン
アプチアン
バレミアン
オーテリビアン
バランギニアン
ベリアシアン
剣竜類
ノドサウルス類
アンキロサウルス類
ヒプシロフォドン、アギリサウルスなど
イグアノドン、フクイサウルス、ランジョウサウルスなどイグアノドン類
堅頭竜類
植物食
プシッタコサウルス
プシッタコサウルス類
ディプロドクス類
ティタノサウルス形類
ケラトサウルス類
スピノサウルス類
カルノサウルス類
肉食
コンプソグナトゥス
コンプソグナトゥス類
ティラノサウルス類
オルニトミモサウルス類
オビラプトロサウルス類、テリジノサウルス類
トロオドン類、ドロマエオサウルス類
鳥類
0.996

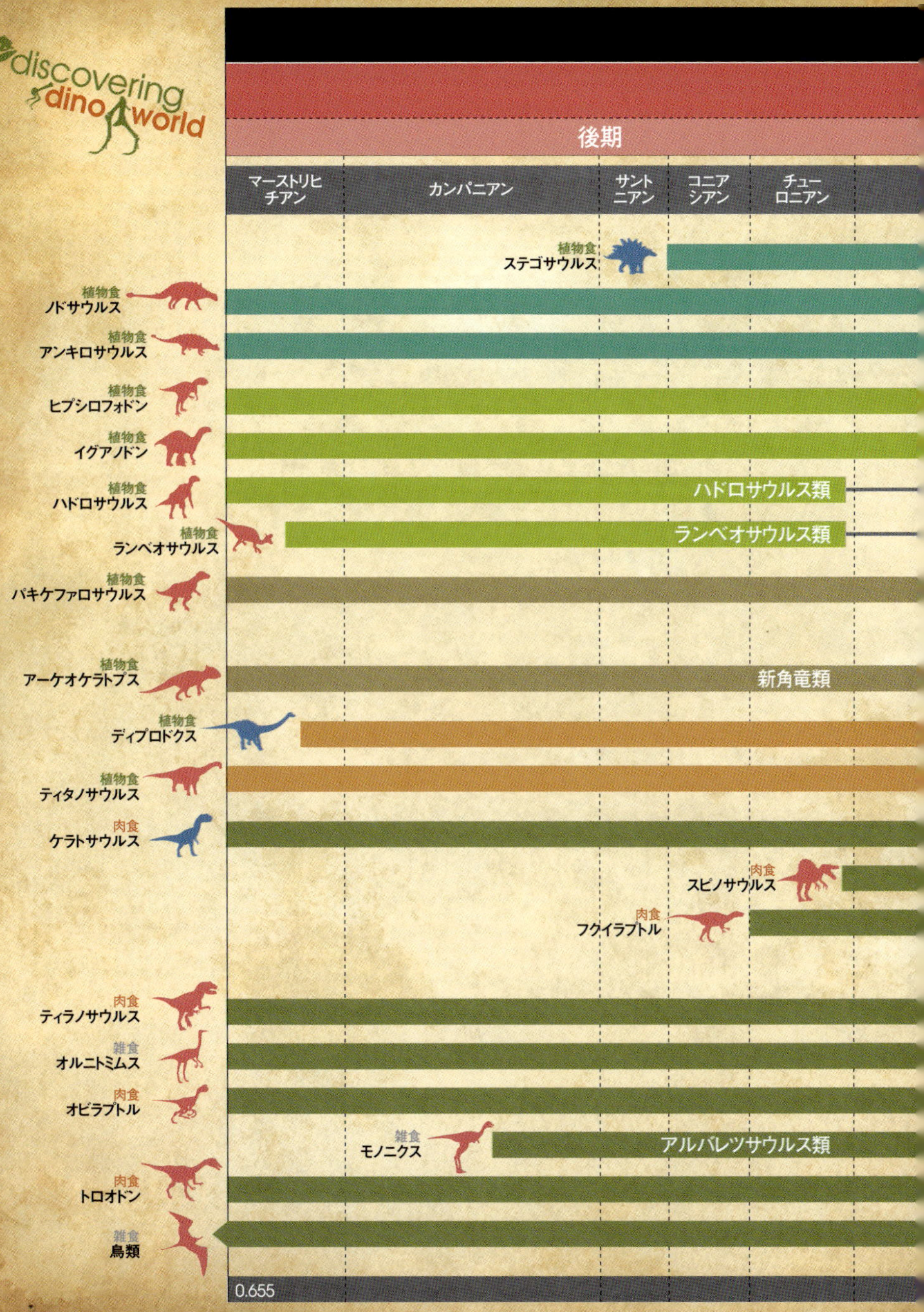
後期
マーストリヒチアン
カンパニアン
サントニアン
コニアシアン
チューロニアン
植物食
ステゴサウルス
植物食
ノドサウルス
植物食
アンキロサウルス
植物食
ヒプシロフォドン
植物食
イグアノドン
植物食
ハドロサウルス
ハドロサウルス類
植物食
ランベオサウルス
ランベオサウルス類
植物食
パキケファロサウルス
植物食
アーケオケラトプス
新角竜類
植物食
ディプロドクス
植物食
ティタノサウルス
肉食
ケラトサウルス
肉食
スピノサウルス
肉食
フクイラプトル
肉食
ティラノサウルス
雑食
オルニトミムス
肉食
オビラプトル
雑食
モノニクス
アルバレツサウルス類
肉食
トロオドン
雑食
鳥類
0.655

恐竜たちの暮らした、超大陸「パンゲア」

現在、その存在が確認されている恐竜は約８００種といわれる。化石としてきちんと残されるのは、恐竜が存在した約１億８０００万年間という期間を考えれば、ごく一部だろう。政治的理由などで発掘ができない土地もあることを考えると、まだまだ未知なる種類の恐竜が眠っていることが推測される。

恐竜の進化を考える際、中生代の陸塊の変化に着目すると変遷がわかりやすい。三畳紀（２億５１００万年〜１億９９５０万年前）には、すべての陸塊がひとつにくっつき合った「パンゲア」という超大陸が存在した。土地の大部分が海から遠く離れ、内陸には砂漠が広がっていたため、恐竜の多様性が高かったのは、主に大陸周縁部だっただろう。

ジュラ紀（１億９９５０万年〜１億４５５０万年前）になると、パンゲアは分裂し始める。海が内陸部まで入り込んで湿度が高くなり、気候にも変化が生じた。そんな環境のもと、セイスモサウルスのような竜脚類が巨大化した。

白亜紀（１億４５５０万年〜６５５０万年前）には、パンゲアは現在の大陸と同じような形に分裂し、気候も遥かに多様になった。よって、それぞれの内陸ごとに恐竜の特徴が変わっていく。今日、我々が知るティラノサウルスなどの恐竜は、白亜紀の北米のものだ。

いま、本書で発掘現場をレポートしたアルゼンチンをはじめ、日本でも日々、新たな発見が相次いでいる。今後どのような新恐竜が現れるか、非常に楽しみである。

三畳紀（2億3700万年前）
Early Triassic

ジュラ紀（1億9500万年前）
Early Jurassic

白亜紀（9400万年前）
Late Cretaceous

ひと目でわかる、恐竜・古生物分布図。

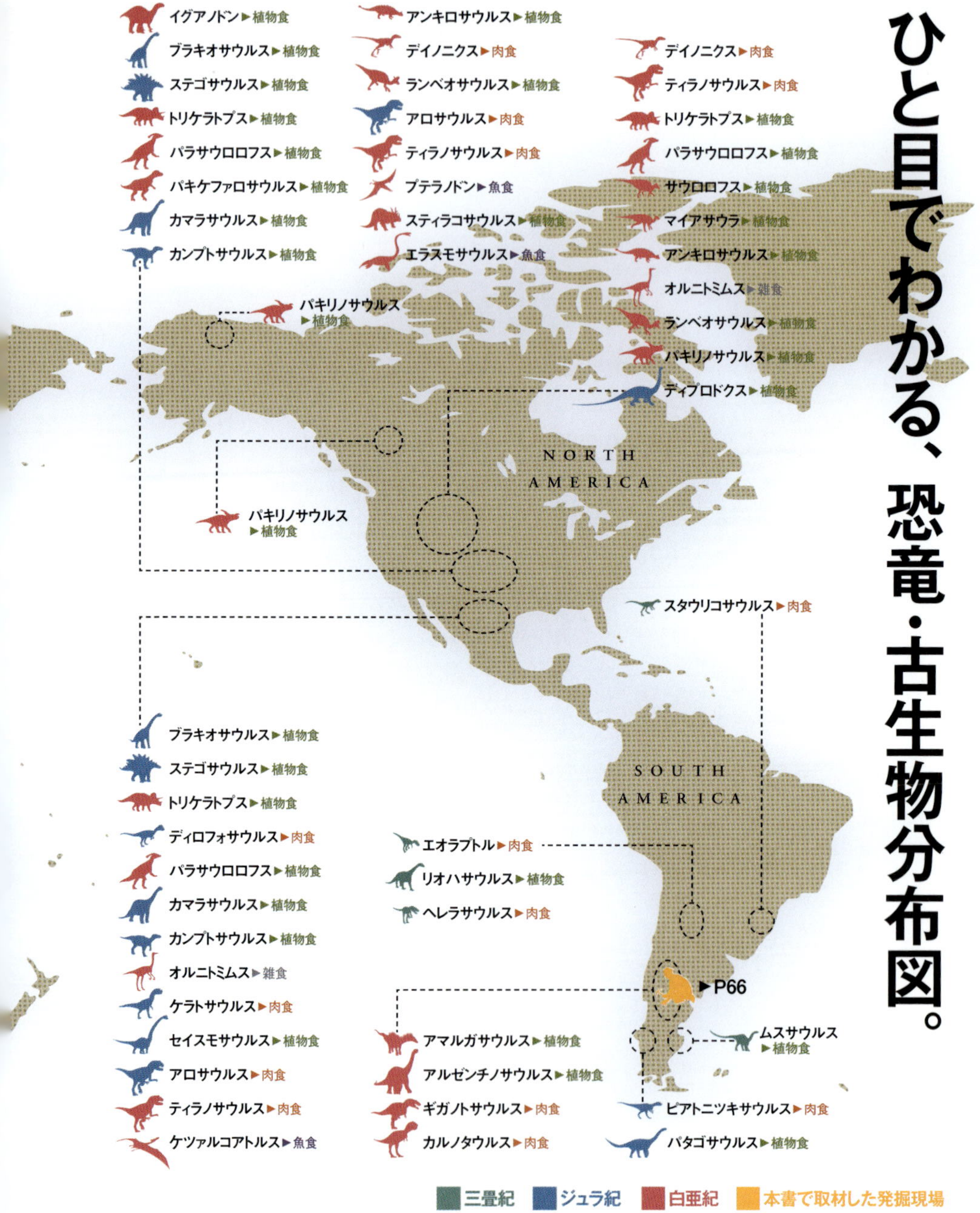

Worldwide Dinosaur Excavation Map

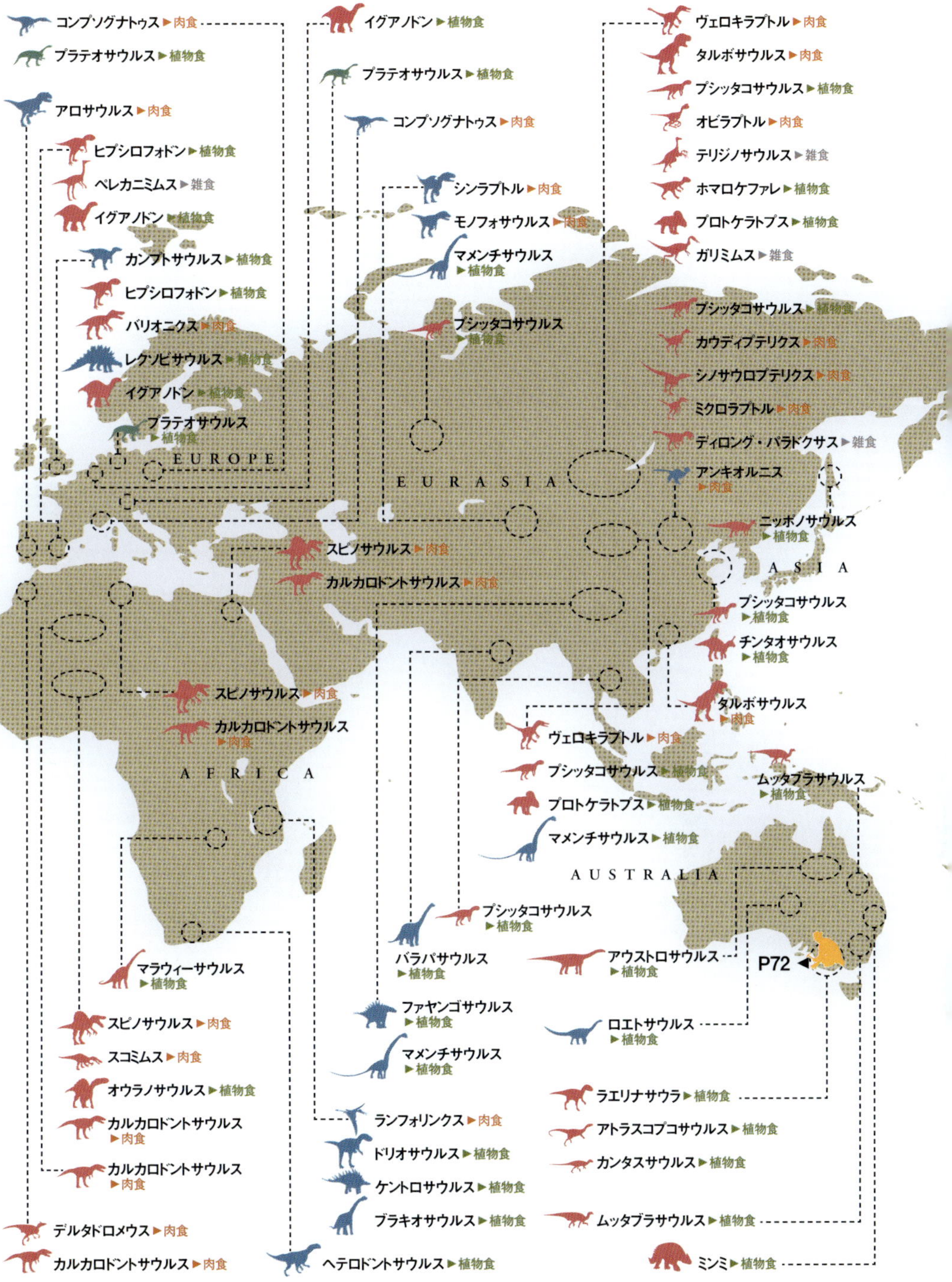

●参考文献／『恐竜イラスト百科事典』ドゥーガル・ディクソン著、「ニュートン」2003年11月号

discovering dino world

Japan Dinosaur Excavation Map

恐竜・古生物たちの、
「最新の姿」を追う。

●獣脚類は二足歩行で、基本的に肉食。その仲間にはアロサウルスやティラノサウルス、俊敏なハンターのヴェロキラプトルなどが挙げられる。羽毛を纏(まと)っていた種もいたと考えられ、鳥類との近縁が指摘されている。

獣脚類 Theropods ―アロサウルス＆ティラノサウルス―

二足でいかに肉を喰らい、どう歩いたか。

哺乳類と同様に骨格の形態で分類される爬虫類である恐竜たち。獣脚類は二足歩行で、基本的に肉食だ。典型例がアロサウルス。日本で初めて展示された恐竜の全身骨格の主であるこの恐竜、名づけ親はイェール大学のオスニエル・マーシュ。１８７７年のことだ。

マーシュは恐竜研究史の伝説的人物で、ライバルの学者エドワード・コープと熾烈な「発掘戦争」を繰り広げ、計86種もの恐竜の名づけ親になったことで知られる。２人は互いの業績を妬み、スパイを使って、相手の発掘現場を探らせたこともあったという。

マーシュが没した後の１９２７年、ユタ州クリーブランドで驚異的な大発見があった。化石の宝庫と呼ばれるモリソン層から、なんと1万個以上、復元すれば46体分のアロサウルスの化石が見つかったのだ。以来、彼らは一気に存在を知られるようになる。

そんなアロサウルスに〝異変〟が起こったのが79年のこと。70年代は、恐竜とは現代の大型爬虫類のようにのっそりした動きをするのではなく恒温で活発だったとする「恐竜温血説」や、鳥類の祖先だと考える新説が広まった激動の時代。そんな折、ワシントンＤＣのスミソニアン博物館が、尾を持ち上げた姿勢で復元したアロサウルスの全身骨格を世界に発表したのである。

それまで、獣脚類はゴジラのように、だらりと垂れた尾を地面に引きずって歩くと考えられていた。ところが研究が進むうち、それ

現在はシカゴ市内のフィールド博物館が所蔵する“スー”の全身骨格。この愛称は、発見者のスーザン・ヘンドリクソンの名にちなんでいる。

©PPS

は誤りであるとわかったのである。従来のイメージは根本的に覆され、いまでは彼らが尾と頭でシーソーのようにバランスを取って歩いたというのが定説となっている。

獣脚類のなかで抜群の人気を誇るのが、「王《レックス》」の名を冠せられた巨大肉食恐竜、ティラノサウルス（Ｔ－ｒｅｘ）だ。彼らはその知名度ゆえに、多くのエピソードを残している。

有名なのが、90年にサウスダコタ州で発見された通称〝スー〟の物語。史上最も巨大で、ほぼ完璧な全身骨格が見つかったスーは、非常に重要なティラノサウルスの化石である。だが、その所有権を巡って訴訟となり、ＦＢＩまで出動。オークションハウスで約８４０万ドルという巨額で落札されたのだ。

こんな事件が起こるのも、ティラノサウルスの絶大な人気あってのこと。力強い姿に魅せられた世界の研究者たちは、その実像に迫るべく、しのぎを削っている。たとえば英国王立獣医大学のジョン・ハッチンソン博士は、彼らの歩行様式を研究中。全長約12ｍ、体重４～７ｔもの巨体をたった2本の後肢で支えながら、彼らはいったいどのように歩き、走っていたのだろうか。

「歩行様式の物理的研究は、数字の羅列で複雑なものになりがちです。でも、そこでコンピュータを駆使すれば、立体画像を速く正確に描けます」

ＣＧを使うと、実際に動かして検証するには大きすぎるティラノサウルスの後肢の動きを、復元することが可能になる。その結果、少々がっかりするような説が浮かび上がった。彼らは速く走ることができず、時速20㎞ほどのゆっくりとした歩行しかできなかったのではないか、というのである。

しかし、この問題に関しては現在、学界で真っ二つに意見が分かれている。マンチェスター大学のウィリアム・セラーズ博士とフィリップ・マニング博士らは、ハッチンソン博士に異を唱える急先鋒。猫の走りを見ればわかるよ

ジュラ紀後期の北米に棲息していたアロサウルスは全長12m。現在では、このように尾を上げてまっすぐ伸ばした姿勢で復元図が描かれる。

©Utako Kikutani

日本で初めて展示された恐竜の全身骨格である、アロサウルス。尾を地面につけた姿で復元されている。

©国立科学博物館

©Thomas Williamson

“スー”と同じくサウスダコタ州で発見されたティラノサウルス、通称“スタン”の歯。

オスニエル・マーシュ（1831〜1899年）はアロサウルスの命名者でもある、偉大な恐竜学者。

©Yale University Peabody Museum of Natural History. USA

うに、動物は蓄えたエネルギーを有効活用するために身体をバネのように使う。この点に注目した2人は、ティラノサウルスは計算よりも速く走れたと主張。小型の獣脚類には時速60㎞ものスピードで走れた種もいたらしい。これが本当なら、人間が自前の脚力で彼らから逃げる術はなかっただろう。

獣脚類の獰猛性を象徴するのが、強靭な上顎を備えた頭骨と、鋭い鉤爪だ。ティラノサウルスの頭骨は重さ約500kg。獣脚類の頭骨は空洞の多さで知られるが、これは大きな頭を支えるための軽量化と、捕食時の骨への衝撃を軽減する役割を担っていたという。

ティラノサウルスの前肢は、獲物の攻撃には短かすぎるという議論がある。オレゴン大学のケント・スティーブンス教授は、ユニークな説を唱える。

「重い物を背負ってしゃがんだら、あなたはどうやって立ちますか? ティラノサウルスの頭と尾を荷物と考えると、まずは強靭な脚力のみで立つ方法がある。その他、振り子のような反動を使ったり、一方の脚を前に出してバランスを取って立つ方法もあります」

大きな腹が邪魔で、両脚を広げて座るしかない彼らは、立ち上がるために前肢をテコのように使い、上体を持ち上げたのではないか、とスティーブンス教授は言う。しかし、ほとんどの骨は壊れたり歪んだ状態で発見されるため、完璧な証明はまだ難しいようだ。

ジョン・ハッチンソン

John Hutchinson

英国王立獣医大学講師

大型動物の姿勢の力学的な解析を行っている彼は、ティラノサウルスの歩行様式研究の第一人者。映画『ジュラシック・パーク』の影響で古生物学を志すようになった。ゴジラや怪物も大好き。

©John R. Hutchinson

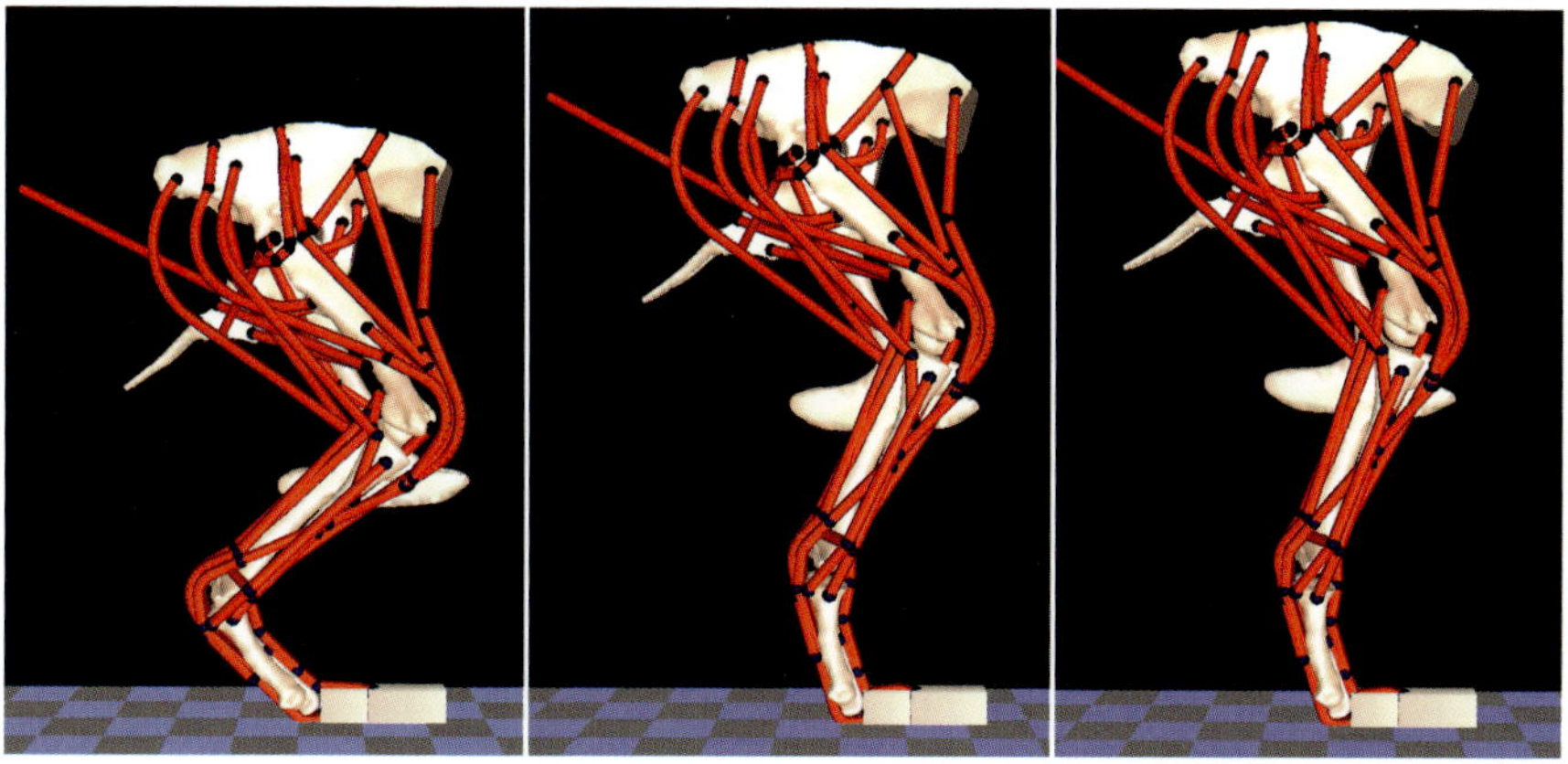

ハッチンソン博士によるティラノサウルスの歩行様式の研究例。現存する動物の歩き方なども考慮して、CGで筋肉と骨格の動きを再現する。

©John R. Hutchinson

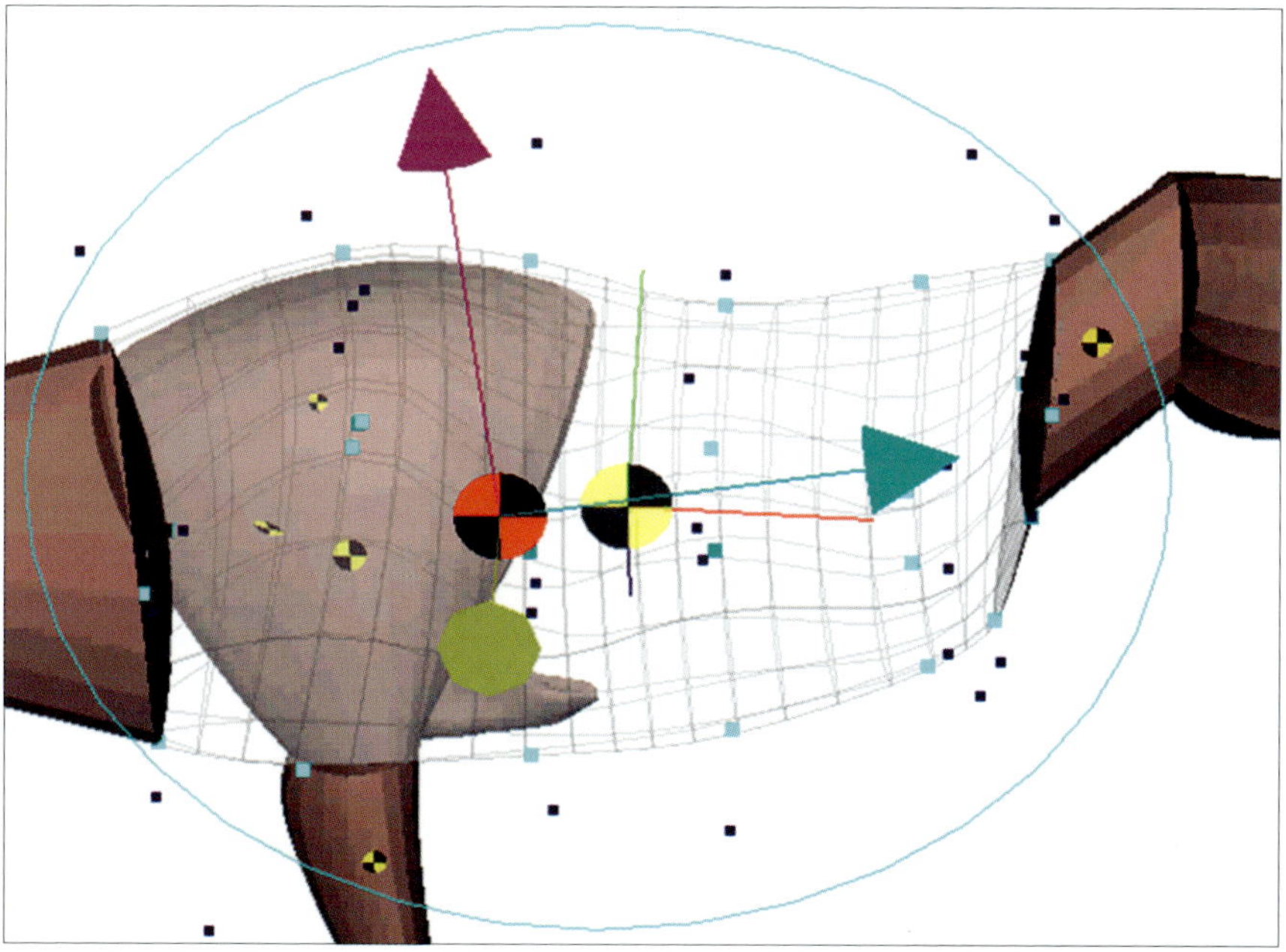

骨格のデータをコンピュータに入力し、3Dでティラノサウルスを肉づけしていく。ビジュアルで物事を考えることを好むという、ハッチンソン博士らしい研究スタイルだ。

©Kent A. Stevens University of Oregon

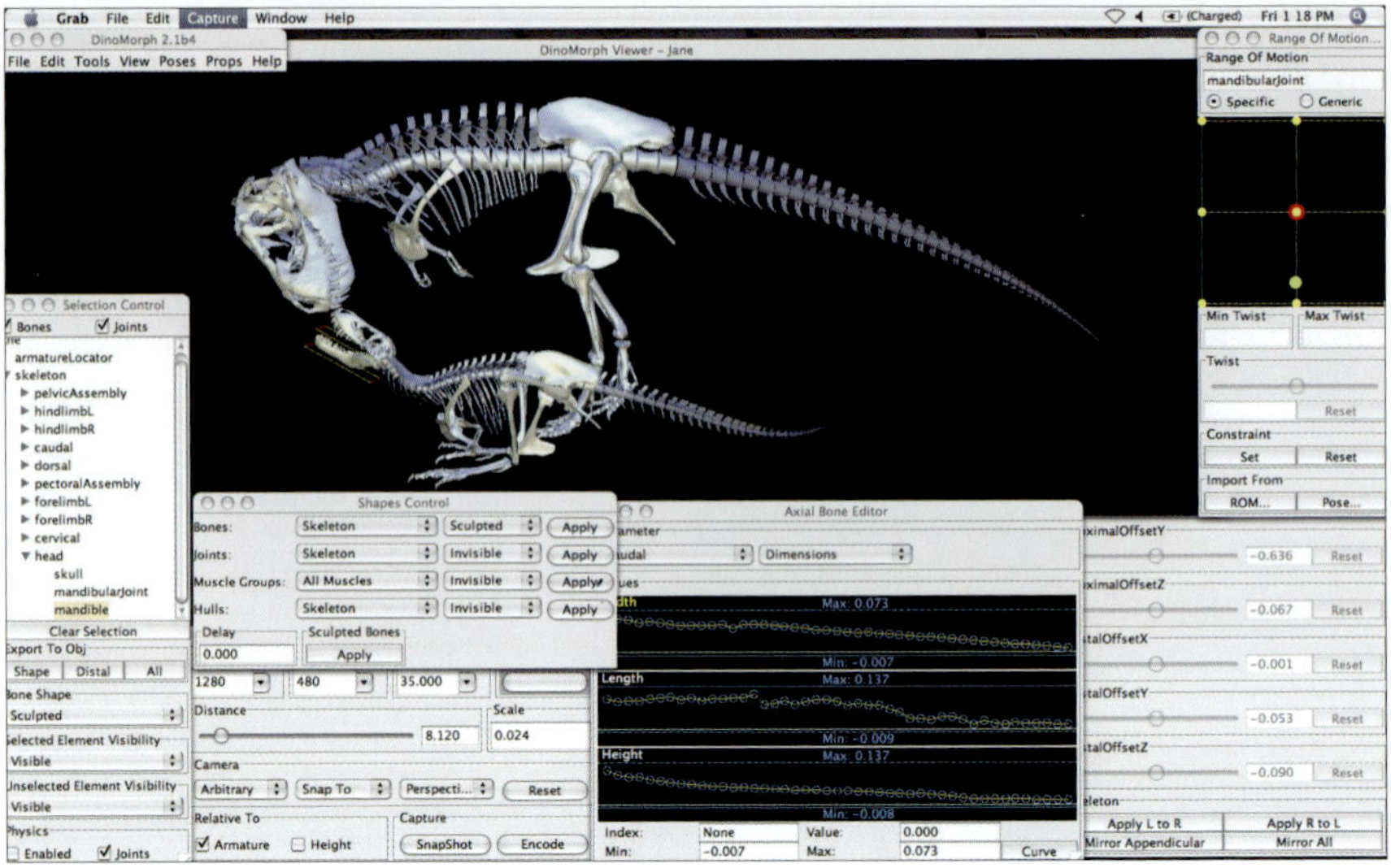

コンピュータ上で骨格の動きをシミュレーション。「DinoMorph」と呼ばれるソフトウェアが使用されている。モデルになっているのはティラノサウルスの通称"スタン"と、同じく幼体の"ジェーン"。

©モンゴル国科学アカデミー古生物センター

小型獣脚類のヴェロキラプトルと、角竜のプロトケラトプスが掴み合った状態で見つかった貴重な化石。

©Kent A. Stevens University of Oregon

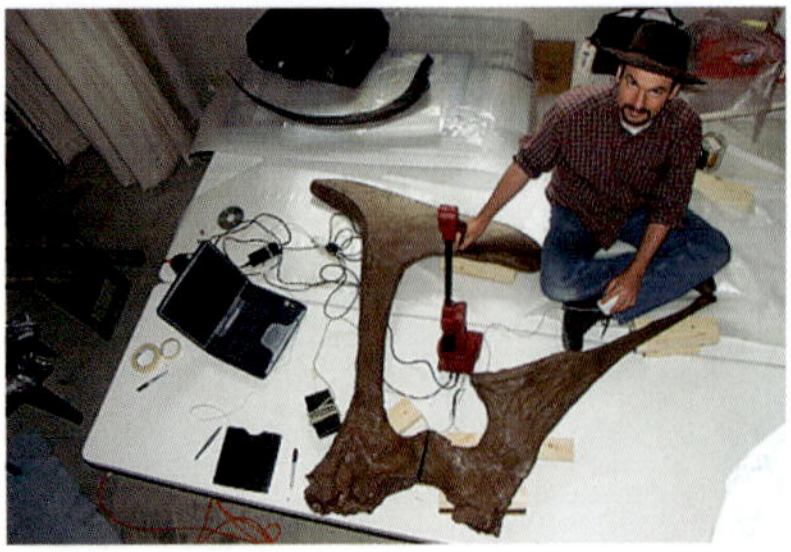

発見された化石はラボへと運ばれ、大きさやカーブなどのデータを計測。発掘以上に根気のいる作業だ。

獣脚類を個体としてだけでなく、家族単位で考察する研究もある。俊敏だが力の弱い子どもが獲物を追い込み、動きは鈍いが力の強い親がとどめを刺す。親子で助け合って生存競争を勝ち抜いたのではないか、というのだ。

彼らはどのようにして走り、喰らい、眠ったのか。恐竜の一挙手一投足すべてが解明される日は近い。

いったんしゃがんだティラノサウルスが、どのように立ち上がるのかをスティーブンス教授が検証したモデル。膝を深く折って前傾姿勢を取った後、前肢を地面について、テコの原理で立ち上がったのだという。

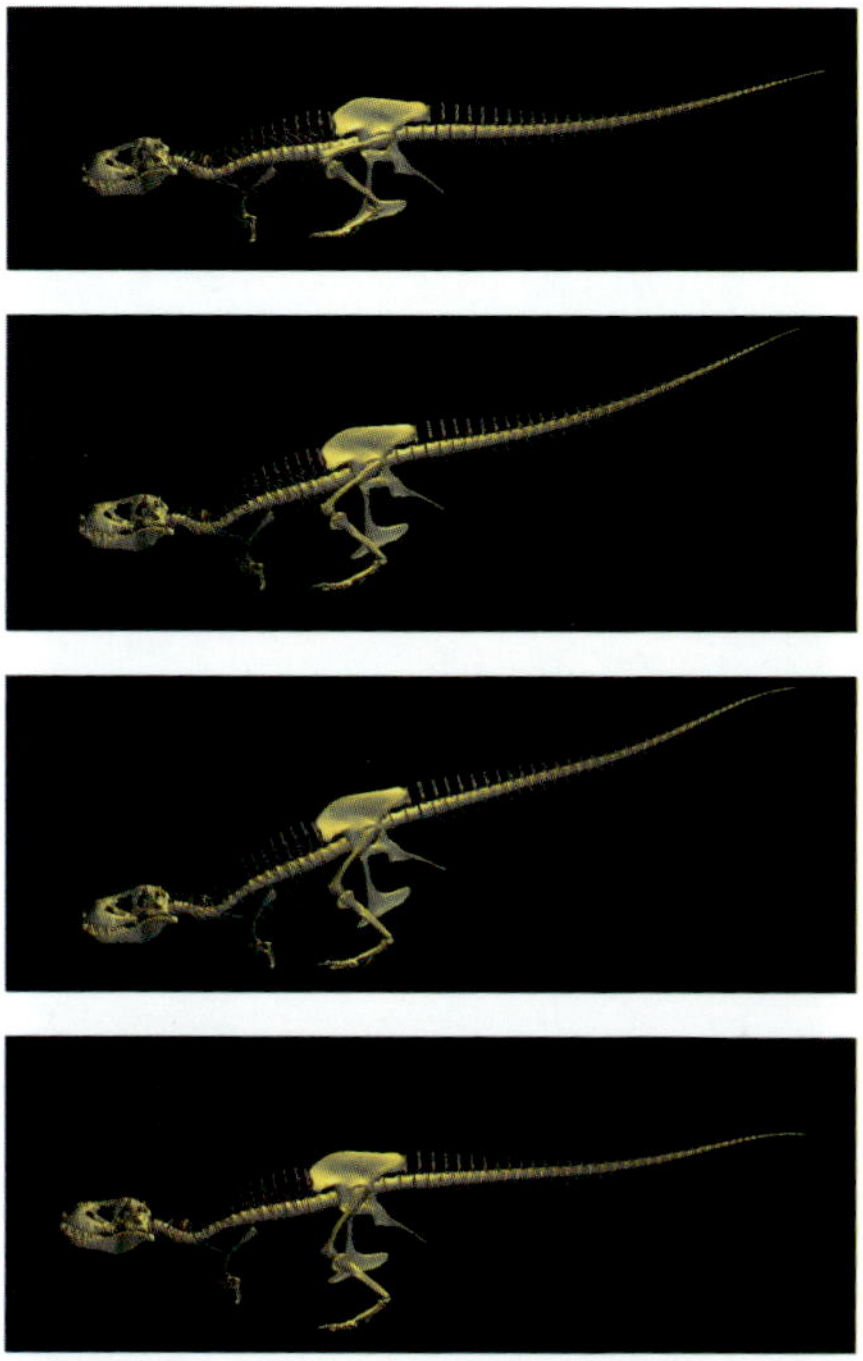

ケント・スティーブンス
Kent Stevens

オレゴン大学教授

カリフォルニア大学ロサンゼルス校(UCLA)で工学を学び、人間の視覚システムを研究。その後、古生物学と出合い、獣脚類の視覚に興味をもつ。現在、恐竜の骨格の動きを研究中である。

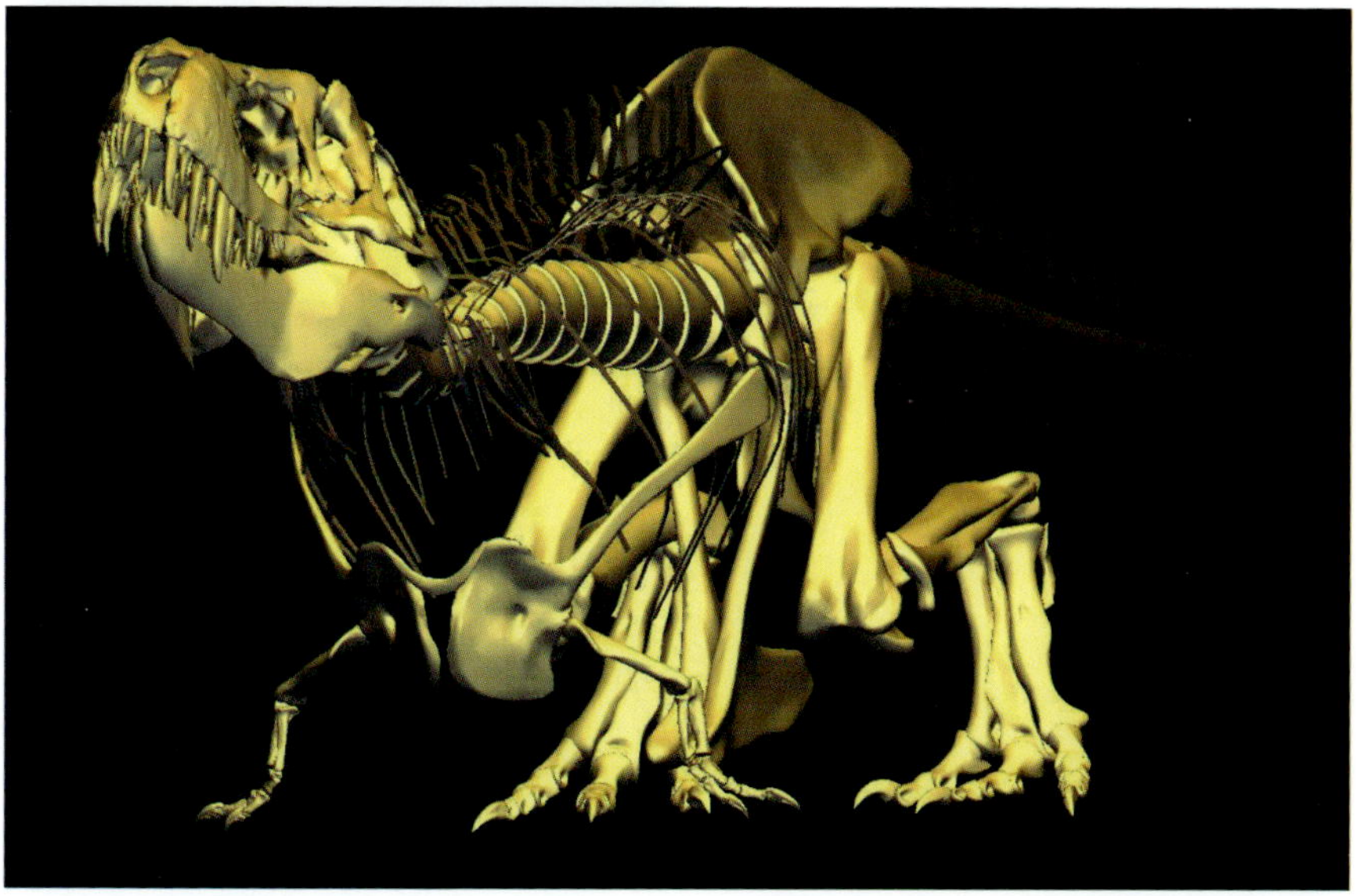

©Kent A. Stevens University of Oregon

羽毛恐竜

中国から届いた、羽毛の2大ニュース

Feathered Dinosaurs

―シノサウロプテリクス&アンキオルニス―

●分類上の用語ではないが、体表が羽毛に覆われた獣脚類のことを羽毛恐竜という。1996年以降に発見されたシノサウロプテリクスやディロング、アンキオルニスなどが含まれ、恐竜研究に大きなインパクトを与えている。

1996年、中国遼寧省の白亜紀前期の地層（約1億3300万〜1億2000万年前）から、羽毛を纏《まと》った恐竜の化石が発見された。それまで恐竜といえば、硬いウロコで覆われたイメージが一般的。その身体に〝羽毛が生えていた〟なんて、そうした説を唱える人はいても証拠は乏しかった。

発掘されたのは、「中華竜鳥」と呼ばれるシノサウロプテリクスである。その後もこの場所から、ミクロラプトル、ディロングなど、羽毛を持つ恐竜が次々に発掘されていく。これが、世界初の羽毛恐竜の発見劇だった。

なかでもディロングは、体長こそ1・8mほどながらも、最古のティラノサウルス類に分類される。あのティラノサウルスまでも、

シノサウロプテリクスの復元模型。翼はなく、前肢も短い。初めは飛ぶために羽毛をつけたわけではないようだ。

©福井県立恐竜博物館

©IVPP

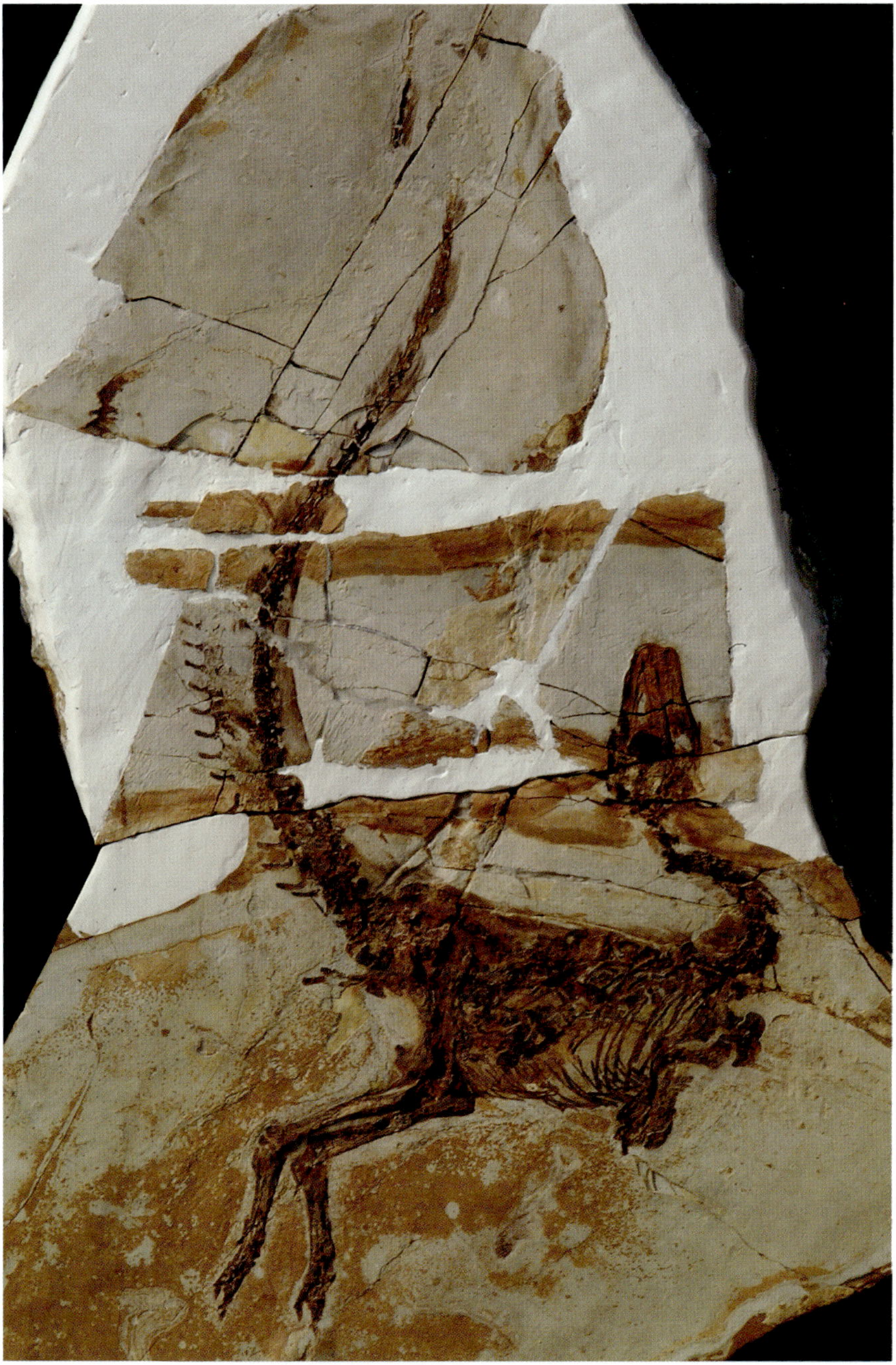

1996年に中国遼寧省で発掘され、歴史的発見となったシノサウロプテリクス。羽毛の痕跡が見える。

羽毛に覆われていたかもしれない！というセンセーショナルな発見は、羽毛恐竜がクローズアップされるきっかけとなった。

この発見は、鳥の恐竜起源説（詳しくは29ページ）をめぐる論争に大きなインパクトを与えた。1861年に、鳥でありながら恐竜の特徴も兼ね備えたアーケオプテリクス、いわゆる「始祖鳥」が発見されて以来、「鳥の祖先は恐竜なのではないか」という説が浮上。100年以上にわたって、研究者の間で議論が繰り広げられていたのだ。それに対する反論のひとつが、「恐竜には鳥のような羽毛がないではないか」というものだったが、羽毛恐竜がそれに対する回答になった。

マイケル・ベントン教授。羽毛化石は、中国科学院古脊椎動物古人類研究所との共同研究。

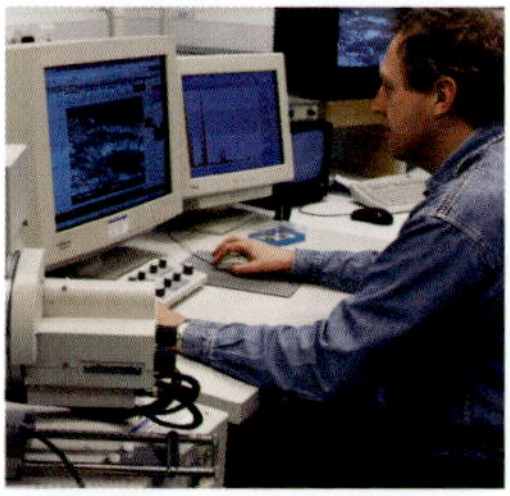

羽毛化石の微細な構造を解析中。走査型電子顕微鏡を用いて行っている。

「よもや、このような化石が発見されるとは……」と言うのは、ブリストル大学のマイケル・ベントン教授。進化パターン研究の第一人者である。

中国科学院古脊椎動物古人類研究所（IVPP）と共同研究を行うベントン教授のチームは、X線を使った電子顕微鏡などを用い、羽毛恐竜の化石を細かく解析している。元素を特定し、その分布を調べることで、生前の羽毛や皮膚の状態を探るのだ。

「かつてない超微細な構造解析を通じて、羽毛の進化の手がかりを収集中です。羽毛恐竜の発見で、鳥の起源が獣脚類だったことはほぼ確定しました。それは同時に、羽毛の進化が鳥類の出現よりも前に起こったことを示しているといえます」

なぜ、恐竜に羽毛が必要だったのか。

「初めは飛ぶためではなく、別の機能のため

©IVPP

こちらは羽毛恐竜でなく、鳥類であるコンフキウソルニス、別名「孔子鳥」。中国遼寧省からはこんな貴重な化石も発掘されている。嘴（くちばし）があり、身体も飛行に適していた。

中国遼寧省から発掘された原始的なティラノサウルス類のディロングにも、尾や頭部の周辺に羽毛が見つかった。化石の茶色い部分が羽毛の証拠。2004年に発表された。

©IVPP

に進化したに違いありません。その主な機能は体温調節ではないかと考えられますが、いまのところはまだ、推測に過ぎません」

　こうして、羽毛の機能に世界中から注目が集まるあいだに、別のセンセーショナルなニュースが、またしても中国遼寧省からもたらされた。「色の発見」である。

　ここから発掘された小型羽毛恐竜の１種であるアンキオルニス。その化石を調べていた北京自然博物館やイェール大学などの研究チームが、２０１０年初め、全身の色を推定することに成功したのだ。羽毛そのものの発見も快挙だったが、色の発見も同じく、世界中の研究者、恐竜ファンを驚かせた。

　そもそも、恐竜の色はわからないというのがこれまでの常識だ。博物館で見る骨は灰色や黒っぽい色をしているが、あれは地下水などが染み込んで付いた色。図鑑に描かれた復元イラストの色はすべて、いってみれば想像で描かれた色だ。

下の「C」で茶色くなっているのが、アンキオルニスの頭部化石。その上にある黒い部分が羽毛で、そこに残された色素を顕微鏡で調べることで"とさか"の色がわかった。その結果、右のイラストのように、"とさか"はおそらく赤か黄色、全身は黒っぽく、翼に白い帯が入っていると推定できた。

©Keiji Terakoshi 2010

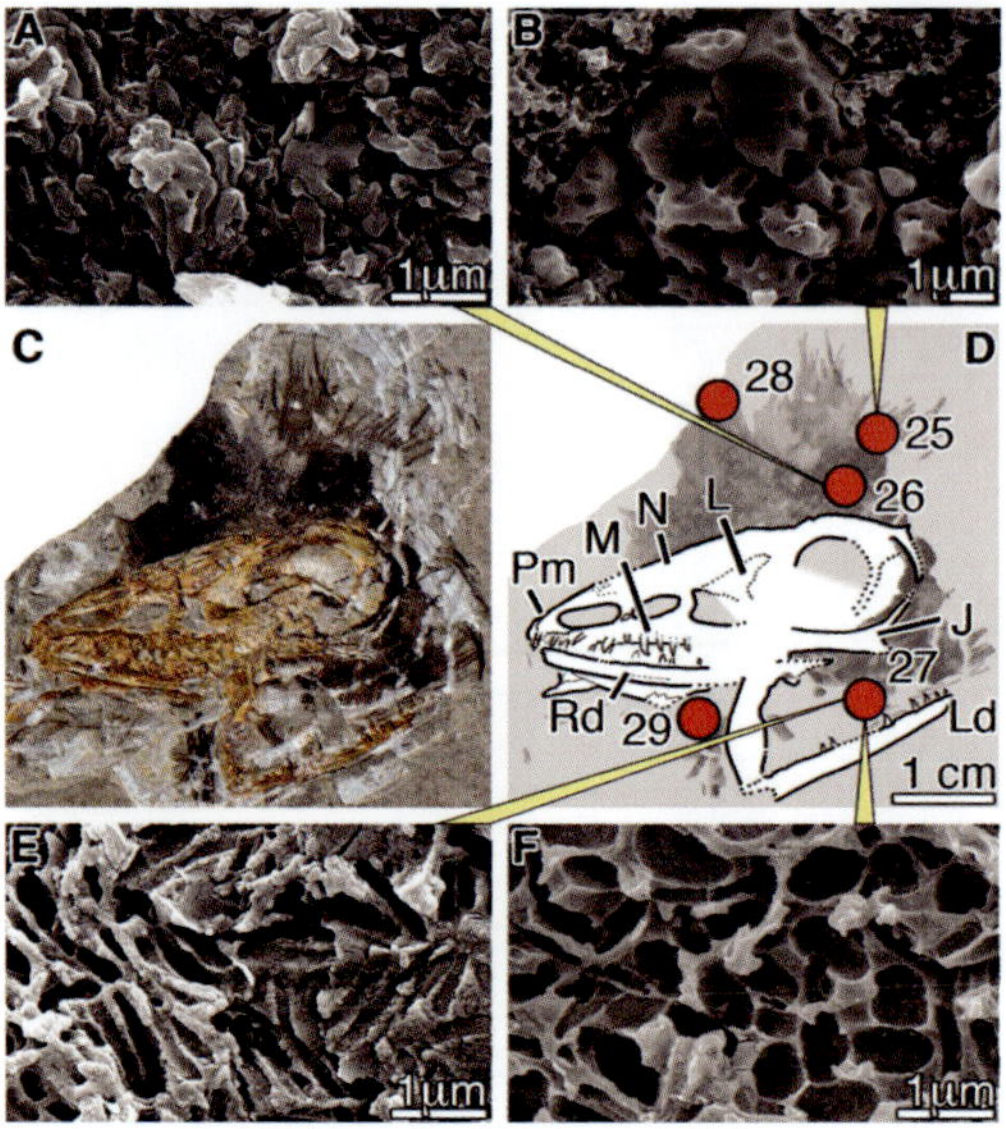

From Quanguo Li et al.(2010) Science DOI: 10.1126/science.1186290.
Reprinted with permission from AAAS.

では研究チームは、どのようにして色を突き止めたのか。羽毛が残されていたアンキオルニスの化石を電子顕微鏡で観察すると、メラニン色素を含むさまざまな形のメラノソームが見つかった。これを、現生鳥類のメラノソームのデータと比較。形や大きさ、分布密度によって、羽毛（＝身体の表面）の色がある程度推測できることがわかったのである。

ほぼ同時期には、中華竜鳥すなわちシノサウロプテリクスの尻尾の色も、同様の方法で調べられ、栗毛色と白の縞模様だったという発表がなされている。

では今後、恐竜の身体の色は次々に特定されていくのだろうか。国立科学博物館の真鍋真博士に聞いてみた。

「方法論は確立されましたし、期待はしたいですが、簡単ではないでしょう。まず、貴重な標本の表面を剥離しなければ観察ができません。また、羽毛の表面にメラノソームが残っているとは限りません。そして羽毛のない恐竜の場合、ウロコの下の方の層に色素が含まれていたとしても、その上の層がフィルターのように作用して、外から見ると違う色に見えた可能性もあります」

意義ある大発見だが、まだ終わりではない。続報が待たれる研究分野だ。

始祖鳥 Archaeopteryx ―アーケオプテリクス―

鳥と恐竜をつなぐ、進化のミッシングリンク

●ジュラ紀に生息していた最古の鳥類で、学名はアーケオプテリクス（古代の翼）。「始祖鳥」という名は明治時代の古生物学者、横山又次郎による。1861年にドイツ南部で初めて発見されたが、現在まで11例しか確認されていない。

１８６１年、ドイツ南部のババリア地方で奇妙な化石が発見された。骨格上は歯や鉤爪のある爬虫類だが、瞠目《どうもく》すべき特徴があった。羽毛である。今でこそ鳥類が恐竜を含む爬虫類から進化したことは常識だが、当時はわずか2年前に進化論が世に出たばかり。ダーウィンら専門家はこの化石を進化のミッシングリンクとして大いに注目し、改訂版の『種の起源』で紹介した。これこそ現在我々が「始祖鳥」と呼ぶ、最も古い鳥類である。

約１億５０００万年前のジュラ紀を生きた始祖鳥の体長は約50㎝とそれほど大きくない。復元図を見ればわかるように、その姿はまさに鳥と恐竜双方の特徴を兼ね備えている。数多ある爬虫類の中でも、恐竜こそが鳥類の先祖ではないかと初めて考えたのが、ダーウィンと同時代の英国人生物学者で、進化論を擁護して彼の「番犬」と称されたトマス・ハックスレイだった。彼の説は20世紀になってイエール大学のジョン・オストロムの登場により確かなものになる。オストロムの直弟子である国立科学博物館の真鍋真博士は言う。

「ある時、ドイツの博物館で翼竜の化石を見せてもらったオストロムは、実はそれが始祖鳥であることに気づきました。真相を言えば貴重な標本ゆえに研究させてもらえないかもしれないと思ったそうですが、葛藤しつつも正直に言うと、応対した博物館員は化石を持って部屋を出て行ってしまったそうです。彼が後悔していると、博物館員が化石を包んで

© Makoto Manabe

イェール大学のジョン・オストロム教授（1928-2005）。鳥類の恐竜起源説を確定させ、始祖鳥についても研究した。

© The Wyoming Dinosaur Center

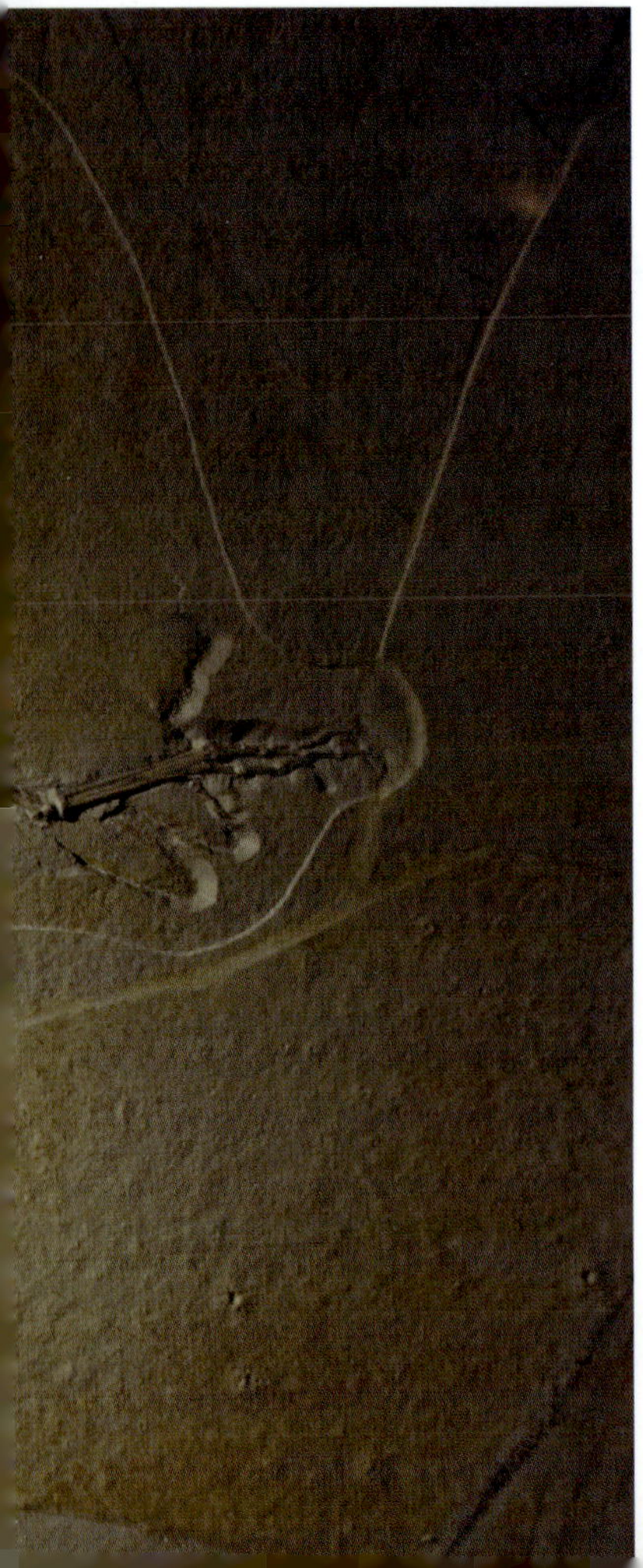

戻ってくるや彼に手渡しました。〝是非、あなたが研究してください〟とね」

　オストロムはこの化石を皮切りに鳥類と小型獣脚類の骨格に多くの共通性を見出し、始祖鳥も羽毛を取ってしまえば獣脚類と変わらないという事実にたどり着く。そして鳥類はラプトル類のような小型の獣脚類恐竜から進化したことを結論づけたのである。

　始祖鳥が発見された当時、あらゆる生物は羽毛さえあれば即座に鳥に分類された。実際、始祖鳥は現生の鳥の飛行能力の源とも言うべき風切羽をも有し、その非対称的な構造も鳥と同様のものだ。しかし、今や状況は大きく変化している。大きな転換点となったのが、1996年の羽毛恐竜の発見。これによって羽毛は鳥の専売特許ではなくなり、羽ばたきのために発達するはずの胸部の竜骨突起（キール）が小さいことや、羽軸の構造上の弱さなどから、今では始祖鳥の飛行能力さえも、疑問視する声がある。

　また、鳥の後肢の指は樹木に掴まるのに適したかのように1本だけ後ろ側を向いており、

© Utako Kikutani

右:始祖鳥の復元図。その体長は50cmほどというから、ニワトリくらいの大きさ。下:世界でも11例しかない貴重な始祖鳥の化石のうち、ワイオミング恐竜センターが所蔵するサーモポリス標本は、縦につぶれた初めてのもの。よく見える形で残された後肢を確認すると親指が前に向いており、樹上生活に適した鳥の特徴は持っていなかったことが明らかになった。

始祖鳥は現生の鳥同様、中心の羽軸に対して非対称的な風切羽が発達している。これは航空力学的に飛行に適した形で、始祖鳥の飛行能力を証明するとの意見がある一方、構造的な弱さを理由に滑空すら怪しかったとの説もある。

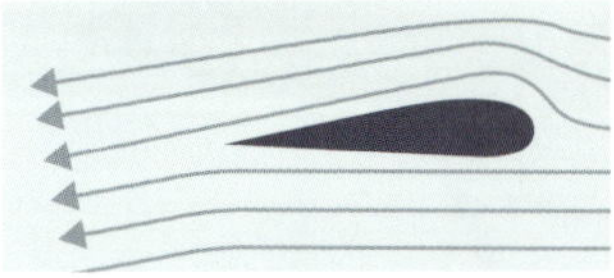

これは樹上生活の特徴とされる。始祖鳥も同様と考えられてきたが、２００６年に発見されたサーモポリス標本により、その指は樹木を掴める構造ではなかったことが判明。鳥で

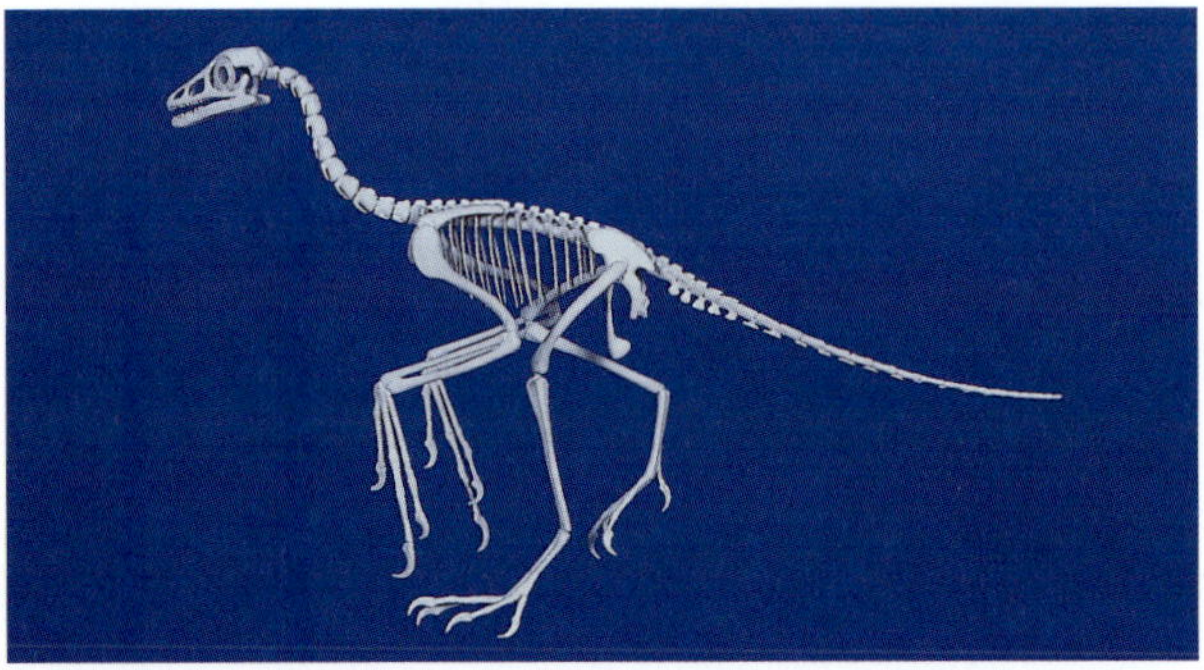

©国立科学博物館

動物には左右に分かれた鎖骨がある。始祖鳥を含む鳥はこれが1本に癒合した叉骨（さこつ）を持つ。しかし恐竜にも叉骨があることがわかり、両者の違いはほとんどなくなった。

あるはずの始祖鳥がいかに恐竜に近い特性を持っていたかが続々と明らかになるにつれ、両者の連続性はむしろ決定的なものとして受け入れられるようになっていった。

　だが鳥の恐竜起源説にも課題があった。それは、指の仕組みである。現存する鳥の前肢の指は、人間で言えば人差し指、中指、薬指の3本から構成されている。しかし恐竜の前肢の指は親指、人差し指、中指。この齟齬《そご》を理由に、恐竜と鳥類の類似性は他人の空似で、実は鳥類は別の爬虫類から進化したと主張する研究者もいた。そのため鳥の恐竜起源説に明確な結論が出ない状態だったのだ。この状況につい最近終止符を打ったのはなんと日本人。東北大学の田村宏治教授である。

「ニワトリの指の発生過程を観察することで、定説とは異なり、恐竜と同じ仕組みだということを突き止めました。これで恐竜と鳥類をつなぐ最後のピースは埋まったことになります。今後、鳥類の恐竜起源説はさらに支持さ

4枚羽根の羽毛恐竜ミクロラプトル。始祖鳥より古く白亜紀前期の小型獣脚類だ。この恐竜の発見により鳥の飛翔の起源は4枚羽根による滑空で、前肢が次第に発達することによって飛翔が可能になったのではないかと考えられ始めた。アンキオルニスも4枚羽根だったのでこの説が補強された。

© Utako Kikutani

©田村宏治

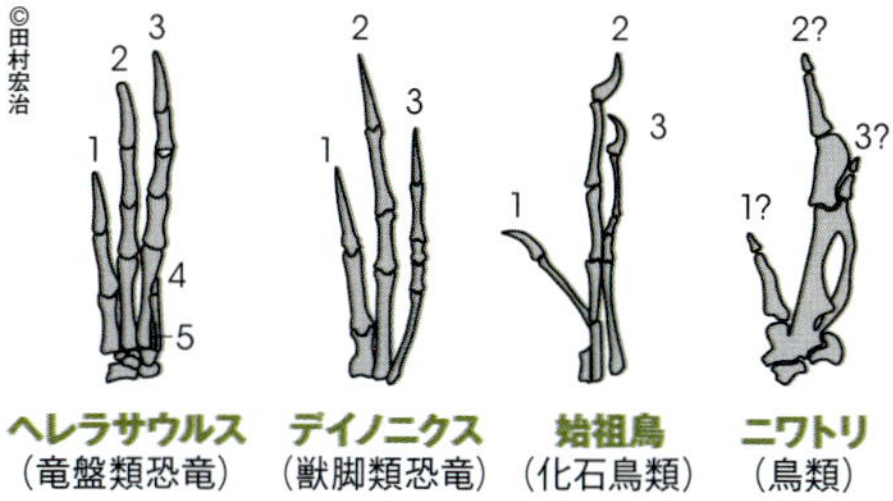

人間で言えば1：親指、2：人差し指、3：中指、4：薬指、5：小指となる。これまで現生の鳥の前肢の指は恐竜と異なり、2-3-4という配置だと考えられていた。しかし東北大学の田村宏治教授と大学院生の野村直生さんらは発生学の立場から、ニワトリの卵の中での指の形成過程を詳細に検討。ニワトリの前肢の指も1-2-3であることがわかった。

©東北大学大学院生命科学研究科
神山菜美子（博士課程前期1年）

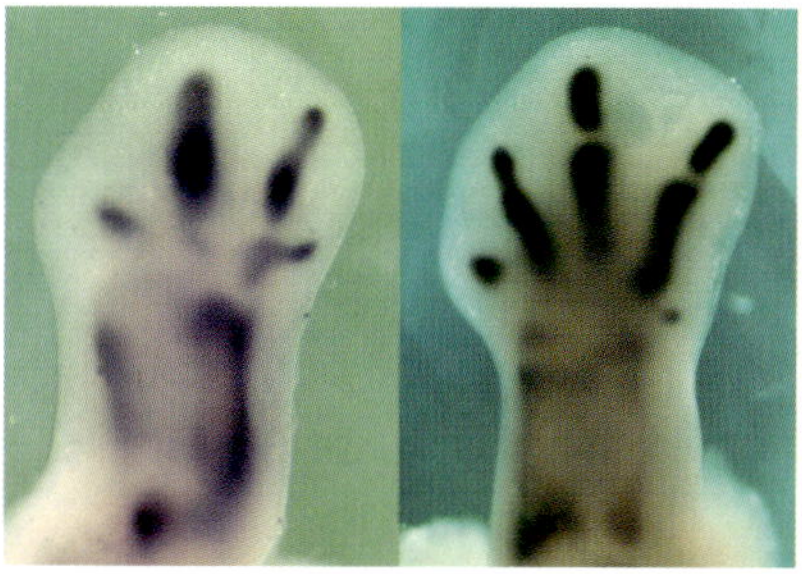

れることになるでしょう」

今や最古級の羽毛恐竜であるアンキオルニスが、始祖鳥より古く存在したことは明らかだ。しかし始祖鳥は今なお、鳥と呼ばれている。それは「鳥類」とは始祖鳥を起点として現代の鳥までを指すことに決まっているからだ。ミクロラプトルやアンキオルニスのような化石が次々に発見されて、どこまでが恐竜でどこからが鳥類か簡単に境界線を引くことができなくなった。真鍋博士は言う。

「しかし元を正せばこれは人間側の事情なのです。進化が連続的なものならば当然、境界線など引けるはずもありません。つまり線が引けなくなったのは進化に対する人間の理解が追いついてきた証拠なのです」

研究者は鳥のことを「Avian Theropod（鳥的獣脚類）」と呼ぶ。彼らは生きた恐竜なのだ。150年前の始祖鳥の発見は連綿たる進化の営みを我々に教えてくれた、すべての始まりだった。

（石﨑貴比古）

竜脚類 Sauropods ―ブラキオサウルス＆アルゼンチノサウルス―

強い腱と靭帯が、30m超の巨体を支える。

●三畳紀末期に登場した史上最大の生物である竜脚類は、体長約10〜30m。なかには40mに達するものまでいたらしい。いずれも植物食で、シダやスギなどを餌とした。歩く速度は時速4.5㎞で、人間と同じくらいだった。

竜脚類は生命の誕生以来、最も巨大な陸上生物。樽のような胴体と、そこから突き出した長い首と尾、そして小さな頭が特徴だ。頭頂部が盛り上がったブラキオサウルスや口先の長いディプロドクスなどが含まれるが、最大中の最大は、体長が推定で約35〜40ｍにも達したというアルゼンチノサウルス。近年では約33ｍのスーパーサウルスの全身骨格が復元され、古生物学界の話題をさらった。

竜脚類が巨体をいかに支えたか、ということは長いあいだ恐竜学者たちの議論の的だった。１９８０年代までは、最大１００ｔもの自重がおよぼす身体への負担軽減のため、カバのように水中で生活したと考えられていた。そして、樹上の植物を食べるため、たいていの人が連想するような、首を高く持ち上げた姿で復元画が描かれていた。

しかし、アメリカの古生物学者マイケル・パリッシュ博士やケント・スティーブンス教授らの研究により、その様相は一変。竜脚類の長い脊椎には突起状の骨がある。それらは骨盤に近いほど長くなり、強力な靭帯や腱によって吊られるようにつながれていた。脊椎が支柱、靭帯と腱がケーブルと仮定すれば、身体は吊り橋のような構造だったことがわかる。だからこそ陸上で長時間、水平に身体を伸ばしていても疲れることはなかったのだ。

一方で、首関節の上下の可動性の幅が意外に狭いこともわかった。おそらく最大でも20度。それ以上に上げると脱臼してしまうため、

©SPR/PPS

竜脚類は、以前は水の中で暮らしたと考えられていたが、実は陸上生活が主だったという。また、このように首を高く持ち上げることは不可能だった。

従来の復元画は修正を迫られている。逆に左右への動きはたいへんフレキシブルだったので、広範囲の餌を食べることができた。

竜脚類は植物食だが、その歯は植物を噛みちぎることはできても、すり潰すには適さなかったといわれる。そこで彼らは「胃石」と呼ばれる大小の石を胃に溜め込み、蠕動《ぜんどう》で食物をすり潰したというのが定説だ。最近は、同じく胃石を飲み込む習性をもつダチョウなどとの比較により、胃石の量が非常に少ないことが判明。むしろ彼らは、食物を体内に長時間とどめておくことで消化していたようだ。

竜脚類の巨体は、１００年ともいわれる長寿が培ったものだと考えられてきた。しかし、骨組織研究の進展により、成長著しい若い時には、1日当たり数十kgものハイペースでぐんぐん大きくなったこともわかってきた。

巨体ばかりが話題になる竜脚類だが、棍棒のような尾のシュノサウルスや、首に2列の長い突起が並ぶアマルガサウルスのように、個

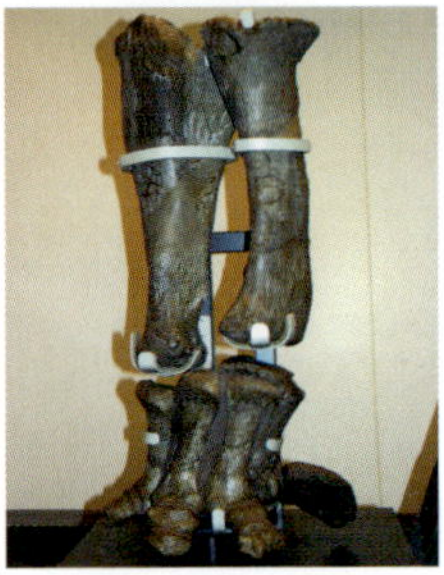

©福井県立恐竜博物館

新疆ウイグル自治区のフディエサウルス・シノジャパノルムの前肢。これだけで2mを超える。

©関谷透

中国雲南省禄豊県で発掘中の竜脚形類化石。

性的な例も報告されている。最近の発見は「首の短い竜脚類」。パタゴニアのブラキトラケロパンは首が非常に短いが、ほかの特徴は竜脚類そのものという変わりダネだ。

いずれも似通った姿に思われがちの彼らは、驚くほど多様な進化を遂げていたことが、続々と明らかになっているのである。

（今村博幸）

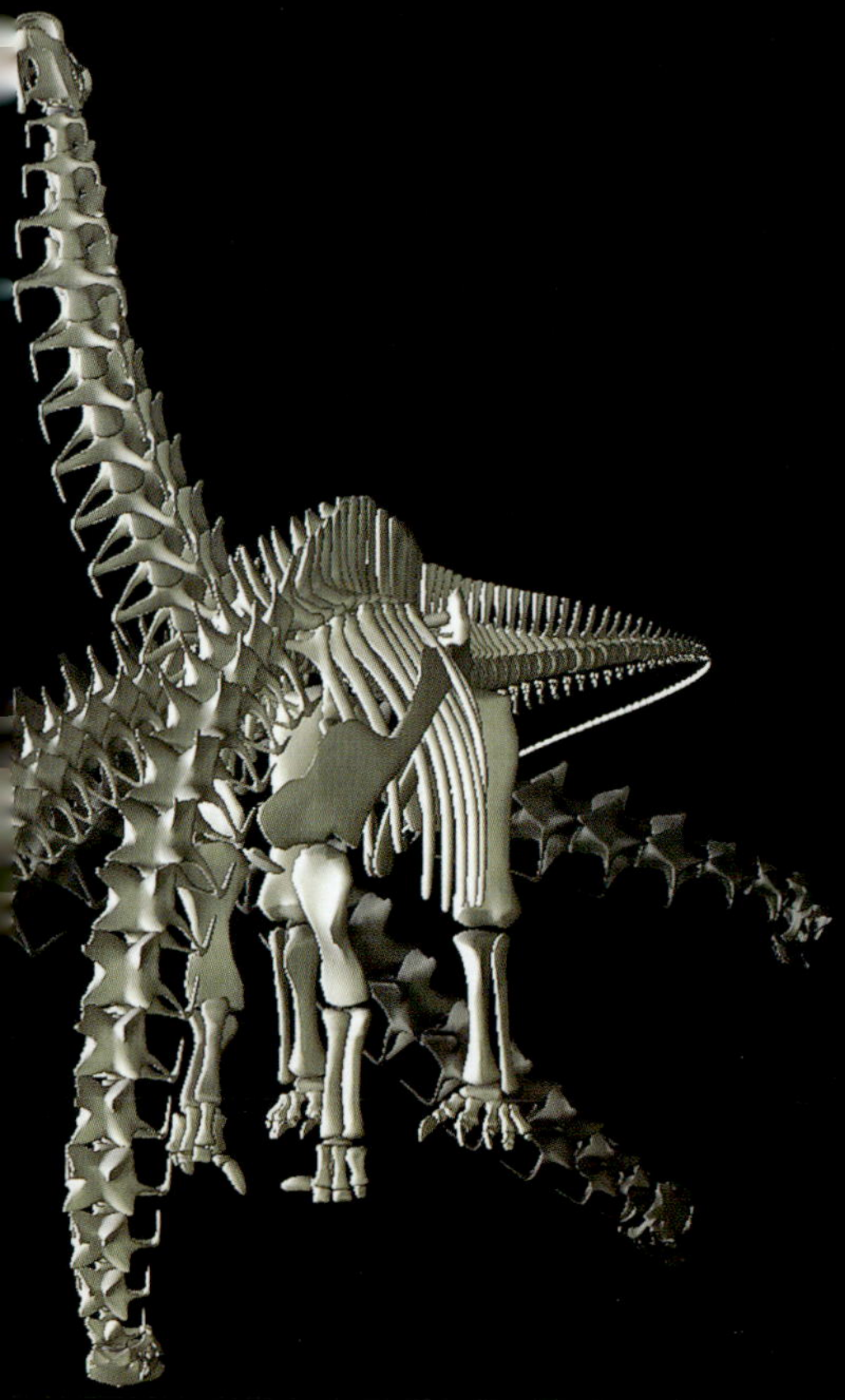

ケント・スティーブンス教授が検証した、首の動きのシミュレーション。右がアパトサウルスで左がディプロドクス。特に横方向に柔軟な動きが可能だったことがわかる。

竜脚類が飲み込んでいた胃石。大きさは2〜10㎝とさまざまだ。鳥類も消化促進のために、同じく石を胃に溜め込む性質がある。

©The Natural History Museum, London

©Kent A.Stevens University of Oregon

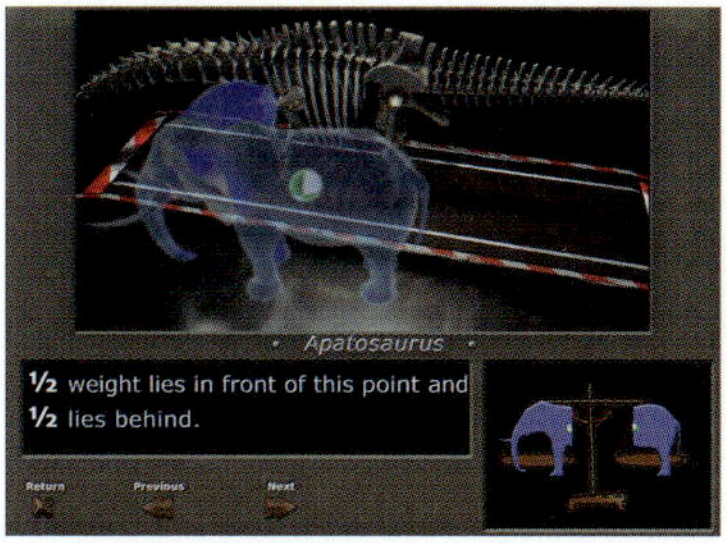

©Kent A.Stevens University of Oregon

体重などを考慮に入れて、現代のゾウと竜脚類の歩行様式を比較する。

Reprinted by permission from
Macmillan Publishers Ltd : Nature 2005

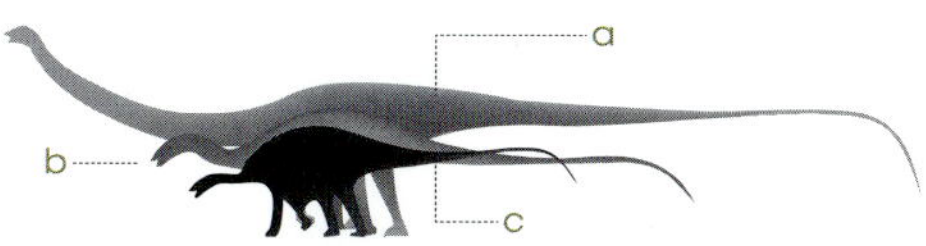

竜脚類の首の長さを比較したモデル。aのディプロドクスに比べ、bのディクラエオサウルスやcのブラキトラケロパンの首は、竜脚類のなかでもひときわ短い。

角竜類

Ceratopsians

―トリケラトプス＆スティラコサウルス―

フリルと角は、何のために使われたか？

●大きな頭部に数本の角と、襟飾りのようなフリルを備えているのが角竜類の特徴。白亜紀後期に棲息し、その多くが四足で歩行していた。小型のものはアジアや北米を中心に数多く見つかっているが、大型のものは北米西部からしか見つかっていない。

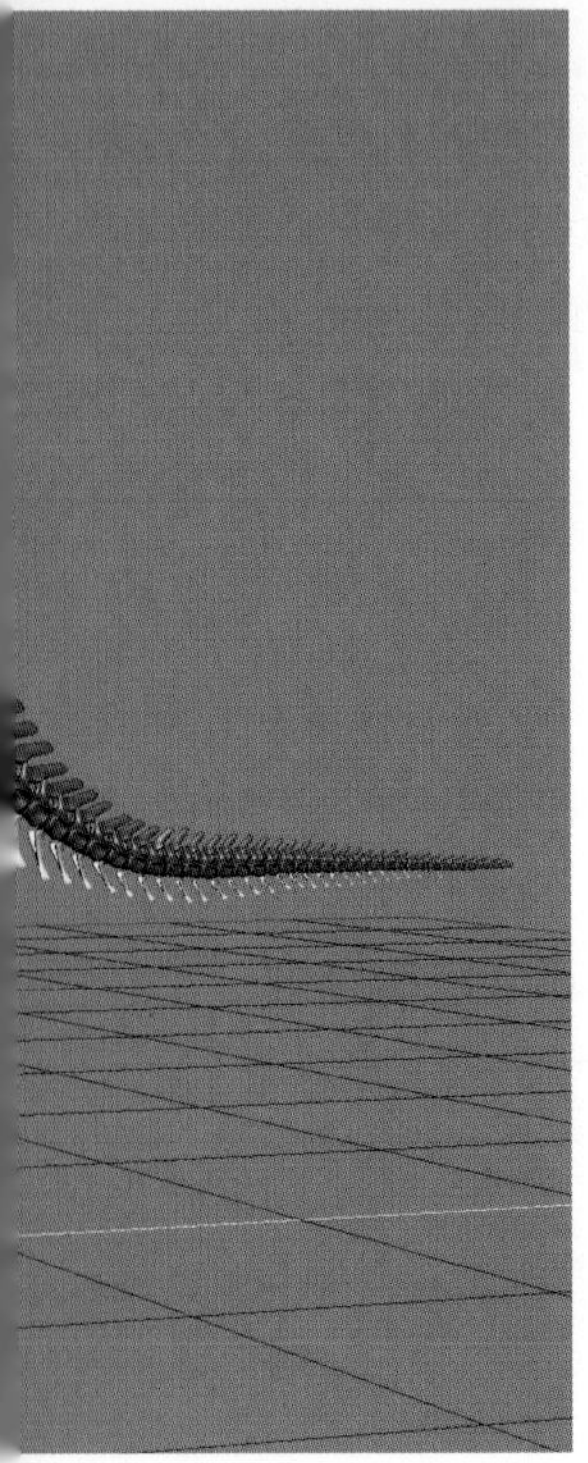

現在、約50種類以上が発見されている角竜。大きな頭部を覆う盾のようなフリルと角、そして嘴《くちばし》状の口が特徴である彼らのなかで、特に有名なのがトリケラトプスだ。アメリカの恐竜学者オスニエル・マーシュが与えたこの名は「3本の角をもつ顔」の意。文字通り目の上から2本、そして鼻の上から小さな1本が突き出ている。一見するとサイのような風貌だが、当然、彼らは爬虫類である。哺乳類であるサイとはまったく異なった生物だ。

世界の角竜研究者がこぞって研究対象とするのは、やはり頭部である。6本もの鋭いトゲで装飾したスティラコサウルスのそれのように、角竜の頭蓋はグロテスクなまでの魅力を備えている。

少しだけ想像力を働かせれば、彼らには天敵がいたことに気づくだろう。ティラノサウルスをはじめとする大型肉食恐竜だ。フリルを盾、角を矛として天敵に立ち向かったのだろうと想像しがちだが、科学的に裏づけられているとは言いがたい。獣脚類のものと思しき牙で穴を開けられたフリルの化石こそ見つかっているものの、戦いの末に折れた角のような、確たる証拠は見つかっていない。

ではいったい、フリルと角は何のために使

©Kent A. Stevens University of Oregon

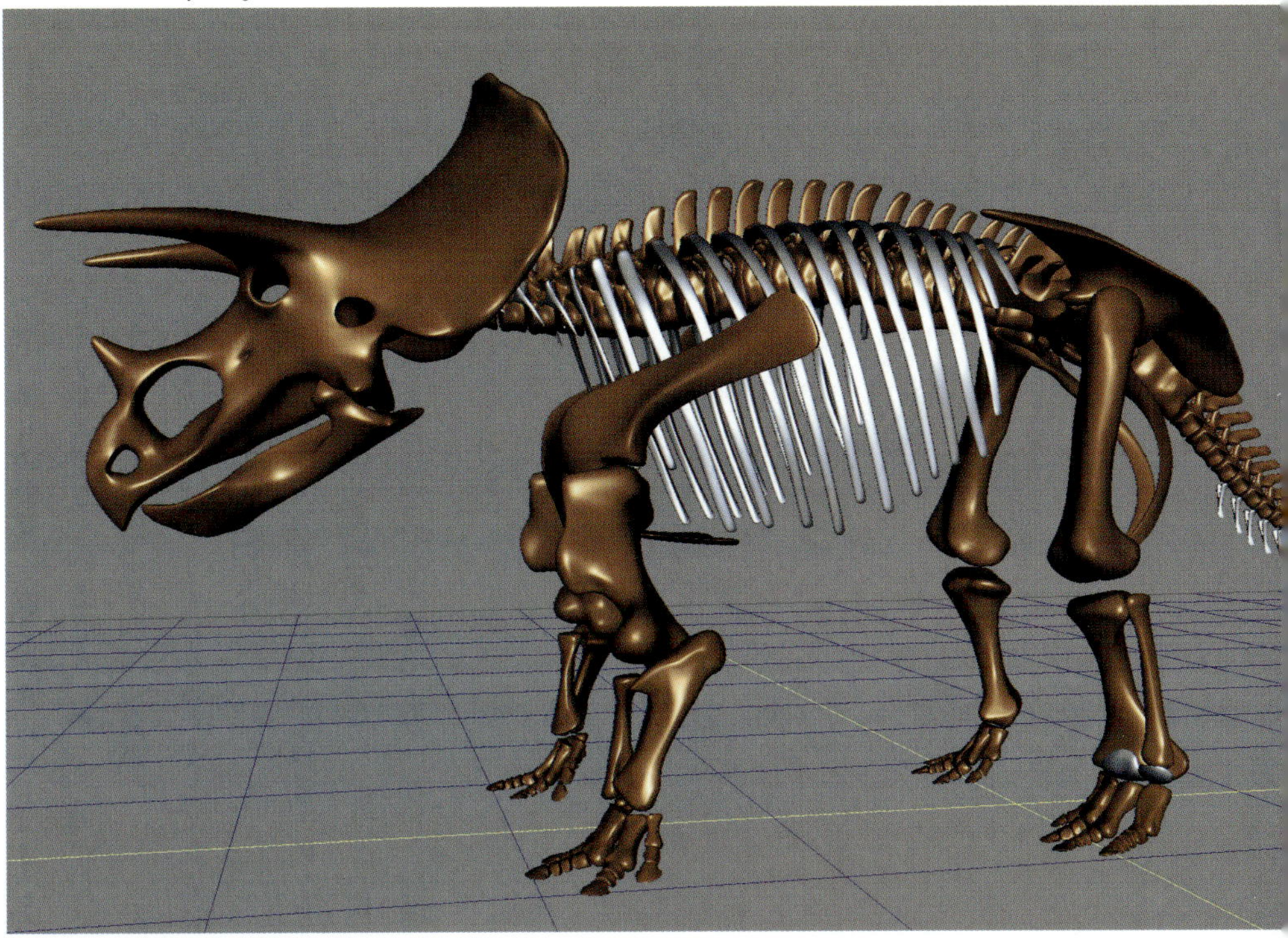

CGを駆使してトリケラトプスの全身骨格を再現。頭骨の長さは成体で2m以上と恐竜全体のなかでも最大の部類に属し、全長7mのうち、かなりの部分を占めていた。

われたのだろうか。かつては、成熟した個体が異性にアピールするための性的なシンボルと考えるのが主流だった。しかし最近、頭骨が約30㎝という子どものトリケラトプスの化石が、すでにフリルと角を備えた状態で見つかった。カリフォルニア大学のマーク・グッド

©Image supplied by Jon Hughes of pixel-shack.com

トリケラトプスの生体復元図。体色には諸説があり、フリルも作者によってさまざまに描かれる。

©Michael J. Ryan

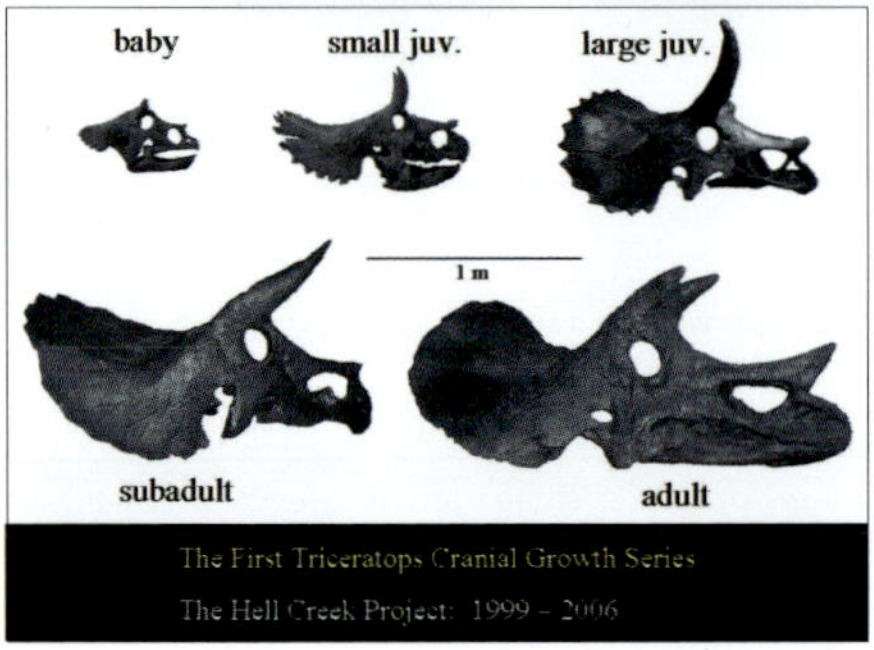

©Mark B. Goodwin

右：カナダでアルベルタセラトプスを発見した、古生物学者のマイケル・ライアン博士。下：成長過程をたどると、フリルと角は幼体から成体までの間に形態が徐々に変化しているのがわかる。

ウィン博士は語る。「彼らの角は成長するごとにその形を変えていきます。幼児の時にはまっすぐだった角が少年期には曲がり、青年期に入るとまたまっすぐになる。そして大人になると再び曲がるのです」

それゆえ、フリルは必ずしも異性へのアピールのみに使われたわけではない。たとえば、群れで暮らしていた角竜同士が、互いを同種と識別するためのコミュニケーション・ツールだったという推論も成り立つ。

このように、頭部の研究が進む一方で、角竜の足についての謎は長い間、解明されずにいた。角竜がどのように立ち、歩いていたか、はっきりとわかっていなかったのだ。

ひとつの説は、ウマのように脇を閉じた状態で前肢を身体の真下で動かしていたというもの。もうひとつは、ワニのように肘を外側に張り出していたという説である。どちらに基づくかによって、かなり違った復元骨格が出来上がる。

両論とも、前に歩くために前肢の甲を前方向に向けるという前提がある。哺乳類型であれば、自然な状態では外側に向く前肢の甲を前に向けるために、肘から下をひねる必要がある。しかし角竜類は、構造上、これができない。一方、這い歩きのワニ型だと、ひねらなくても前肢の甲が前に向くが、足型の化石を見ると左右の歩幅はこんなに広くない。

©Shin-ichi Fujiwara

トリケラトプスは、ウマのような直立型か、ワニのような這い歩き型か。復元骨格を作ると、素人目にもわかる大きな違いとなる。いずれも矛盾を抱えていて決定的な説となり得ていなかった。

©Shin-ichi Fujiwara

東京大学の藤原慎一さんが発表した復元イラスト。直立型だが、前肢の甲は前方向ではなく外側（斜め外側）を向き、親指、人差し指、中指で地面を蹴って歩いた。これまでの矛盾を解決する新説だ。

どちらかがではなく、どちらも間違っていると考えたのが、東京大学の研究者、藤原慎一さんだ。「状態の良い前肢の化石を調べた結果、この前提を崩していいんじゃないかと気がつきました。甲を前に向ける動物は中指と薬指が発達するものですが、角竜は親指から中指までの３本が太くて長い。つまり、前肢の甲を外側に向けて直立し、その３本を使って前に歩けたということです」

太古の角竜たちは、頭だけでなく足元もユニークだったのかもしれない。

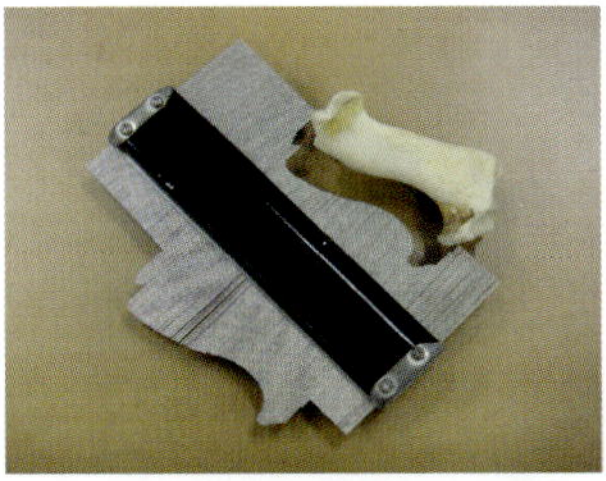

藤原さんのように、大工道具である「断面ゲージ」を活用する恐竜研究者もいる。骨に当てて輪郭の形状を調べるのに使われる。

翼竜

Pterosaurs ―プテラノドン＆ケツァルコアトルス―

軽々と飛べた秘密は、ハニカム構造の骨。

●翼竜は、中生代の大空を飛び回った爬虫類の一種。鳥類とも異なり、脊椎動物のなかで初めて空を飛んだ生物である。代表的なのはプテラノドンやランフォリンクス。恐竜と同様に、6550万年前に絶滅した。

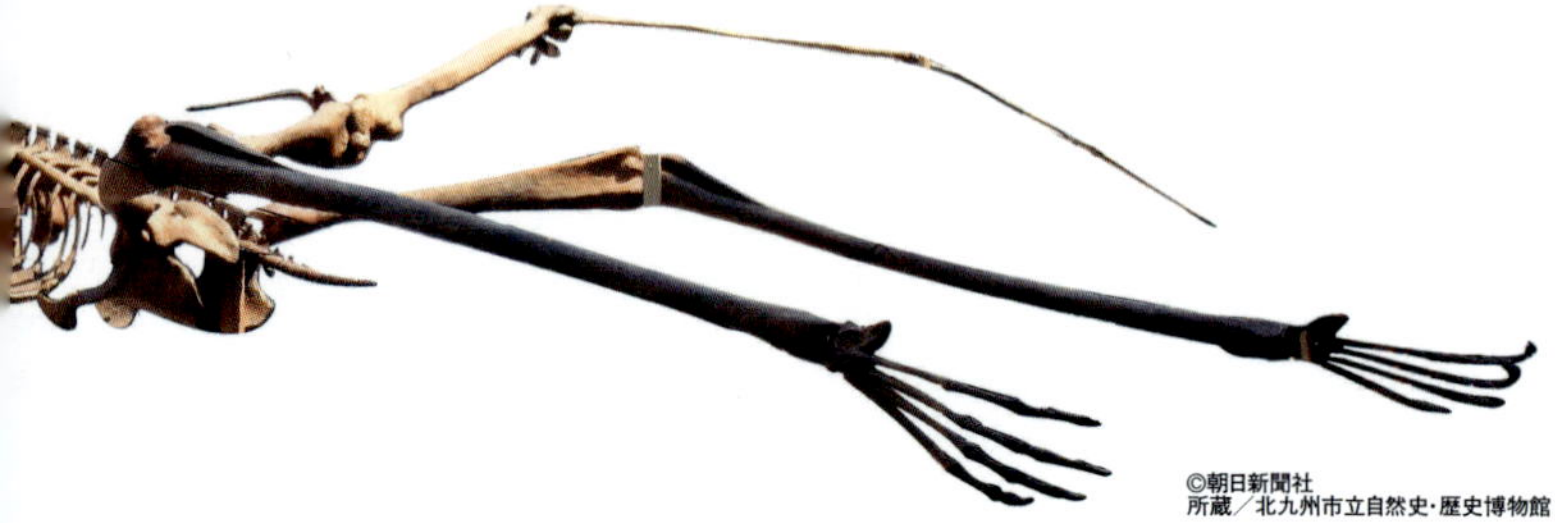

©朝日新聞社
所蔵／北九州市立自然史・歴史博物館

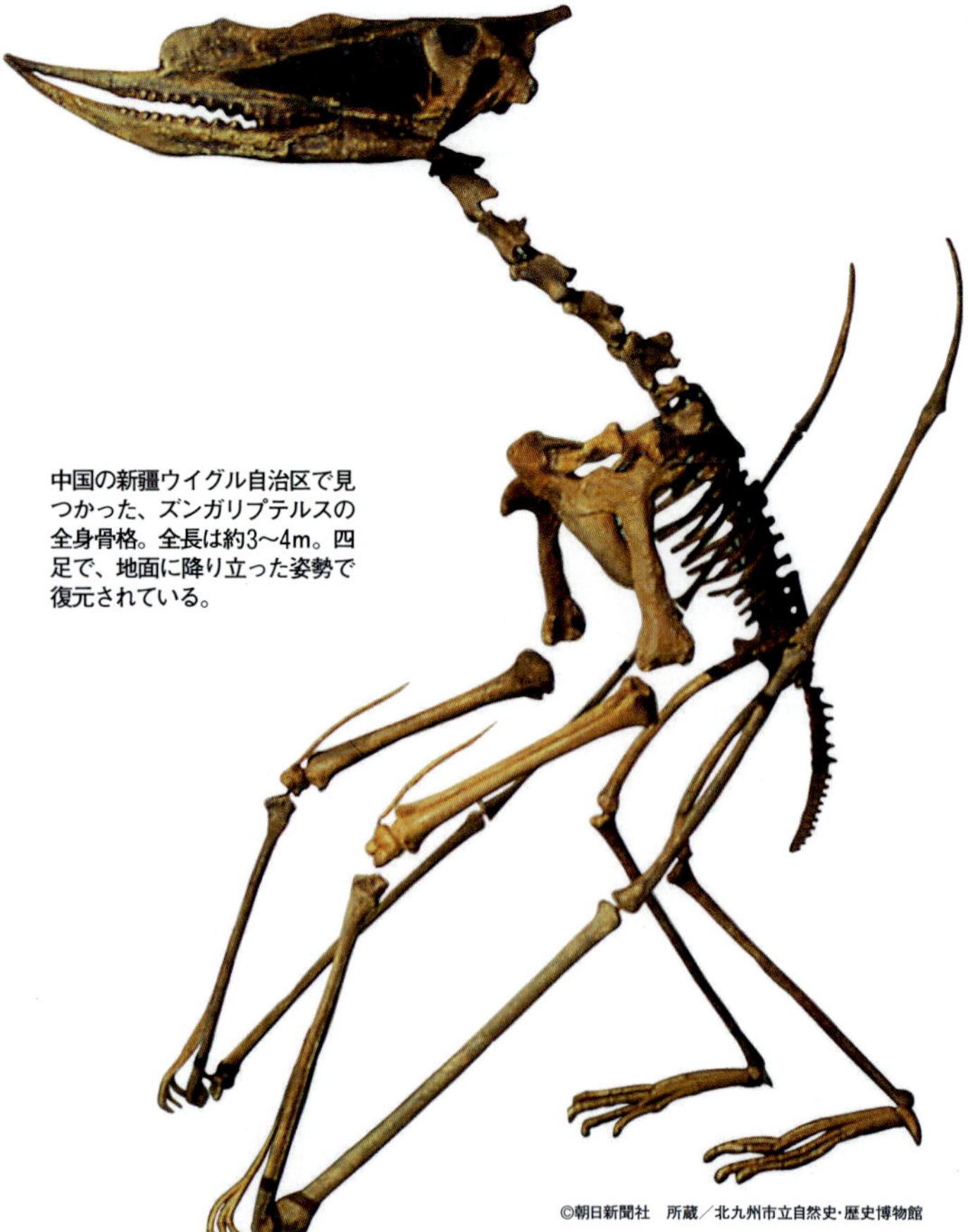

中国の新疆ウイグル自治区で見つかった、ズンガリプテルスの全身骨格。全長は約3〜4m。四足で、地面に降り立った姿勢で復元されている。

©朝日新聞社　所蔵／北九州市立自然史・歴史博物館

史上最大の翼竜であるケツァルコアトルスの骨格。翼を広げた長さは約10m、飛行速度は時速50～60kmだった。

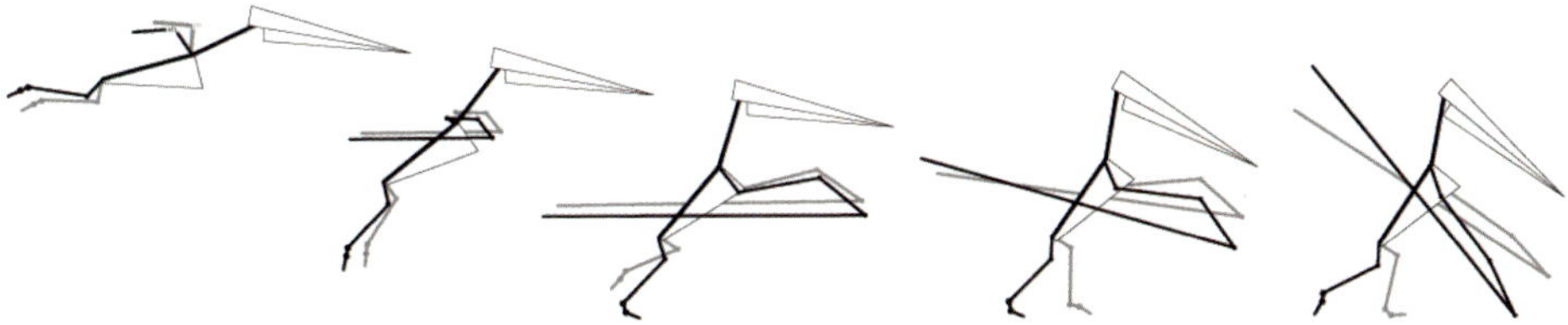

翼竜の着陸を図式化したもの。飛膜を調節して空気のブレーキをかけ、最後は前肢を折りたたんで地面に着地する。

プテラノドンといえば、すぐにその姿が思い浮かぶほどポピュラーな古生物だ。しかし実は、翼竜は恐竜ではない。同じ爬虫類ではあるが、恐竜すべてに共通する骨格上の特徴が、翼竜にはないからだ。しかし、彼らが恐竜と同時代の大空を翔《か》けていたことは間違いない。恐竜でもなく鳥類でもない、空飛ぶ爬虫類が翼竜なのである。

翼を広げたプテラノドンは平均7～8mと小型ヘリコプターほどの大きさだが、体重はわずか15～20kg程度だったというから驚く。秘密は、骨格のハニカム構造。頭骨や骨盤などにはハチの巣のような穴が開き、手足の骨に至ってはほぼ中空だった。それだけの身軽さが飛行のために必要だったのだ。

翼竜の高い飛行能力は、近年の空気力学的研究が証明している。前肢から後肢にかけてクレジットカードほどの薄い飛膜が張られており、ここの神経で風を感知。飛膜を動かし、その張り方に強弱をつけ、飛行状態や進行方

©IVPP

中国の遼寧省で発見された、孵化する前の胎児の翼竜が入った世界初の卵の化石。

©Lorna Steel

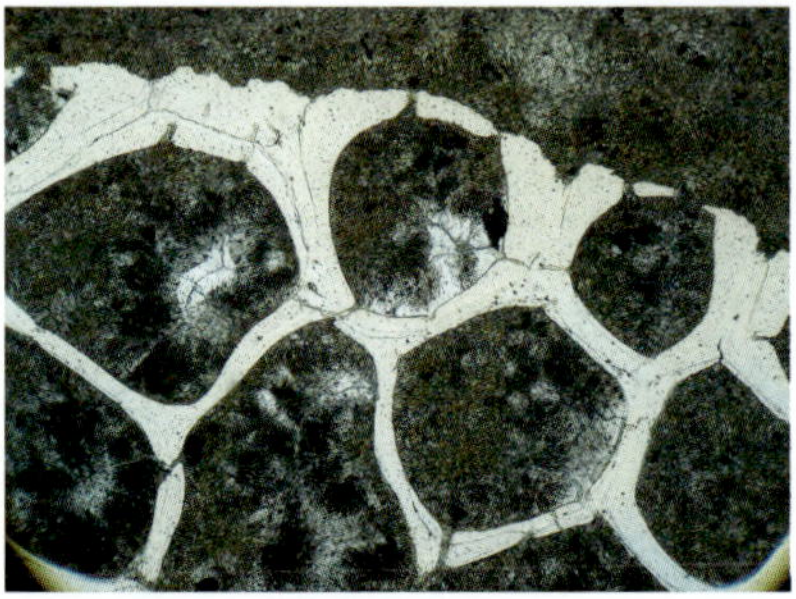

翼竜の骨格は、このようなハニカム構造。ケツァルコアトルスでも、成人男性程度の体重だった。

向を自在に操ったらしい。飛行速度は時速50～60㎞ほどだったようだ。

カナダのカルガリー大学のドナルド・ヘンダーソン博士によれば、地上に降りた彼らは、我々が想像するような二足ではなく、四足で歩行したという。ヘンダーソン博士は翼竜の骨格をデジタル化して分析し、頭の大きさゆえに二足歩行は不可能と結論づけた。

近年では、卵の化石も発見された。成長過程の分析にとって貴重なこの標本を見ると、彼らは孵化《ふか》してすぐに飛べたほど、胚段階から前・後肢や飛膜が発達していたことがわかっている。

翼竜のなかでも、ケツァルコアトルスは全長10m超と、史上最大の飛行生物だ。名前は、メキシコにおけるアステカの神に由来し、その姿は、まるで翼の生えたヘビのようだったという。古代人たちが崇めたのは、時空を超えて記憶され続けた、翼竜たちだったのかもしれない。

（今村博幸）

●首長竜は、恐竜と同時代を生きた海生の爬虫類。長大な首はまるでヘビのように自在に動き、4つのヒレでカメのように泳ぐ。エラスモサウルスや、日本の福島県いわき市で見つかったフタバスズキリュウが有名だ。

首長竜

ネッシーの〝祖先〟にも、虫歯があった!?

Plesiosaurs ― エラスモサウルス & フタバスズキリュウ ―

翼竜と同様に首長竜も、恐竜とは別のカテゴリーに属する。水中生活に完全に順応し、太古の海原をゆうゆうと泳いでいた。恐竜と首長竜はちょうど、互いに哺乳類でありながら陸生と海生とに分かれた牛とクジラのように、爬虫類の親戚同士。首長竜は恐竜とは遠縁で、むしろトカゲに近い。

首長竜の代名詞といえば、エラスモサウルス。約14mの体長のうち半分以上を頸部《けいぶ》が占め、頸椎《けいつい》の数は70個以上にも達する。7個しかない人間の頸椎と比べれば、彼らの首がいかに長大であったか想像できるだろう。

首長竜の研究者として名高いアメリカのマーシャル大学のフランク・オキーフ博士は、首長竜の系統解析を２００１年に出版して以来、毎年のように新たな論文を発表している。そんな彼に首長竜の謎について尋ねてみた。

「彼らがカメのように産卵のため陸に上がったのか否かということが、長年の争点になっています。卵で産んだか、幼体を産んだのか、決定的な証拠がない。誰もが、妊娠した首長竜をひと目、見たいと思っているのですが……」

水中で出産しても溺れ死んでしまうし、陸に上がっても、とうてい動けるものではない。今後の研究に期待したい。

最近、ウムーノサウルスとオベリオネクティスという2種類の新たな首長竜を発見したのが、南オーストラリア博物館のベンジャミン・キアー博士だ。ウムーノサウルスは全長２ｍと小さく、鼻の上に小さなトサカ状の突起が

© Benjamin P. Kear

あるのが、ほかの首長竜には見られない特徴。一方のオベリオネクティスも、世界各地で別々に報告される首長竜の進化系統図を埋める、貴重な存在だ。キアー博士はまた、首長竜の虫歯も発見。イカのようなやわらかいものだけでなく、原始的なウミガメや鳥類まで食べていたことを明らかにしている。

首長竜を語る際、忘れてはならないのが、日本で発見されたフタバスズキリュウだ。福島県いわき市の双葉層群から、当時は高校生だった鈴木直さんによって発見されたためにこう呼ばれるこの化石は、それまで知られていなかった北太平洋にも首長竜が棲息した動かぬ証拠。彼らの棲息範囲をさらに広める意味で、世界的にも重要な化石だ。

かつてはネッシーが、首長竜の生き残りと騒ぎ立てられたもの。だが、首長竜はとうの昔に絶滅してしまった存在だ。我々が科学と想像力で「復活」させるしかないのである。

（今村博幸）

エラスモサウルスの一種である、
エロマンガサウルスの復元画。

original artwork by Josh Lee, image courtesy South Australian Museum

オーストラリアのベンジャミン・キアー博士が発見した新種の首長竜、ウムーノサウルスの頭部。

写真協力／いわき市石炭・化石館

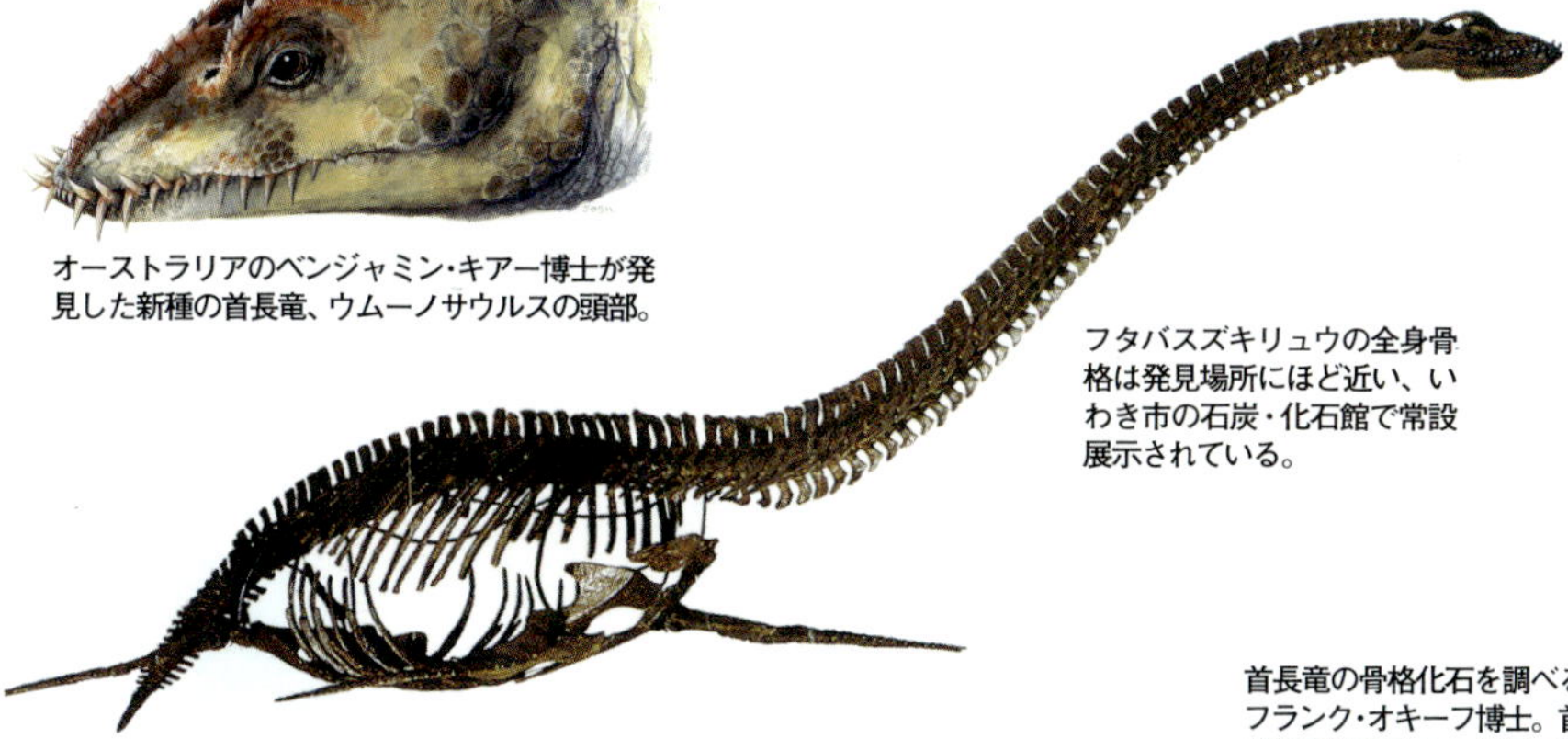

フタバスズキリュウの全身骨格は発見場所にほど近い、いわき市の石炭・化石館で常設展示されている。

首長竜の骨格化石を調べるフランク・オキーフ博士。首長竜を研究する、世界で最も重要な研究者の1人だ。

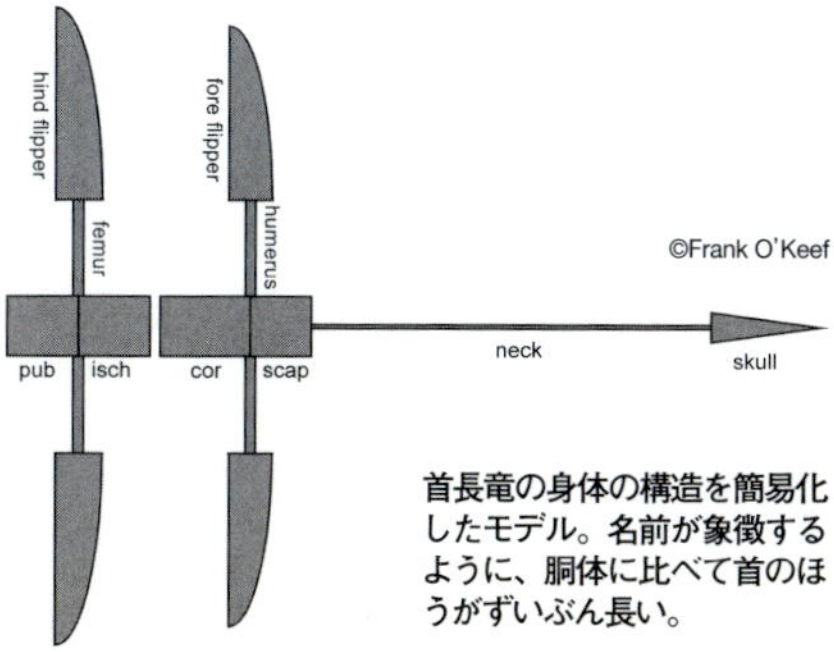

©Frank O'Keef

首長竜の身体の構造を簡易化したモデル。名前が象徴するように、胴体に比べて首のほうがずいぶん長い。

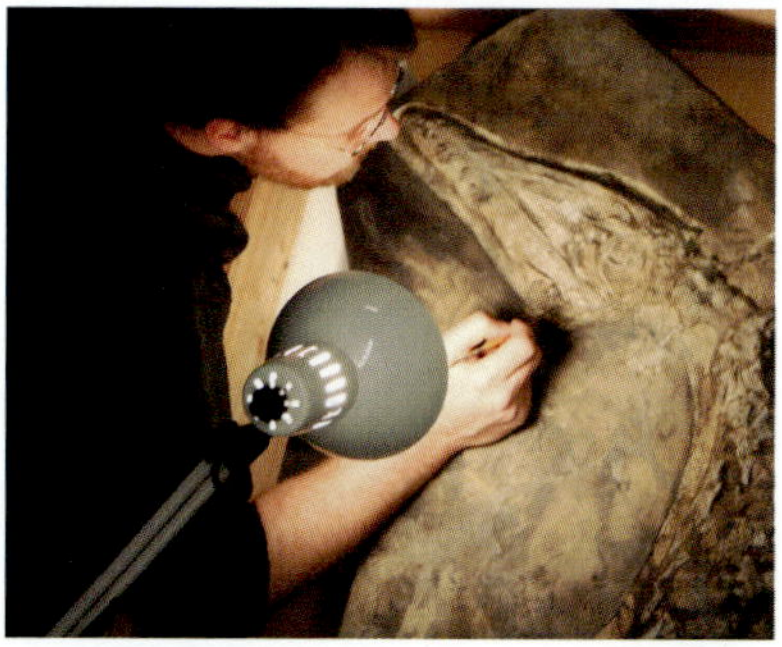

©Frank O'Keef

誰もが気になる、素朴な疑問にお答えします。I

Q. 恐竜の性別はわかる？

A. 恐竜の性別を判別するのは非常に難しいが、不確実ながらいくつか方法は考えられる。第1に同種の恐竜の化石で形の異なるタイプが2種類出てきた場合、それらは雌雄の違いの可能性がある。たとえば角竜の場合、フリルがよく発達したものが雄ではないかと言われている。第2に出産の有無があることから、骨盤の形状も手がかりになるかもしれない。

しかしいずれも可能性の域を出ない。恐竜はサンプル数が絶対的に少なく、統計的手法を使って研究するのが困難なのだ。ただし確実な研究例が、過去にたった1つだけあった。ノースカロライナ州立大学などの研究チームが2005年、米国で発掘されたティラノサウルスの化石を「産卵期の雌」と断定。鳥は卵を産む前後2週間ほど産卵のためにカルシウムを蓄え、骨髄骨と呼ばれるものが出来上がる。これと同じ現象が恐竜の化石でも確認できたのだ。

Q. 恐竜の年齢はわかる？

A. 骨格化石の断面には樹木で言う年輪にあたる「成長輪」が見られ、この輪を1年に1本と仮定すれば年齢を推定できる。だが、部位によって成長線の数が異なることもあるので注意が必要だ。腓骨（ひこつ）と呼ばれる脚の骨は、恐竜の成長輪を調べる時のひとつのスタンダードとなっている。

これまでの研究で、ティラノサウルスで少なくとも28年、竜脚類では40年ほど生きたというデータがある。かつて巨大な恐竜は現生のカメのように長寿だと考えられていた。しかし現在では、恐竜の体長が大きいのは成長率が速かったためだとわかったので、長寿説は下火になっている。この成長率が遅くなる年齢がいわゆる「成人」の年齢にあたる。植物食恐竜のプシッタコサウルスの例では9歳ほどだ。

最新技術が解き明かす、
恐竜の「真実」。

CTスキャンComputed Tomography Scanning

CTスキャンで、身体の構造を再現する。

●CTスキャンは、人間の身体の断層写真を撮影するために必要不可欠な技術。現在では、恐竜研究にも応用されている。CT画像をもとに化石を3次元でデジタル化することで、恐竜の身体構造が手に取るようにわかってきた。

ＣＴスキャンは医師が人間の身体内部を診察する装置、というのが一般的な認識だろう。しかし、現在は恐竜の研究でも大きな役割を担いつつある。この分野の第一人者、オハイオ大学のローレンス・ウィットマー教授は語る。「私たち古生物学者も、恐竜の身体の内部を知りたいのです。この点は、医師が患者の身体の中を見たいという気持ちと、まったく違いがありません」

恐竜化石の解析のために、ＣＴスキャンが活用され始めたのは１９８０年代。この技術によって、骨格を破壊することなく、内部の

5つの標本化石のCT画像を複合して構成された、ティラノサウルスの頭骨のイメージ。彼らの頭骨は重さ約500kgと算出されたが、それに比べて脳容積はずいぶん小さいことがわかっている。

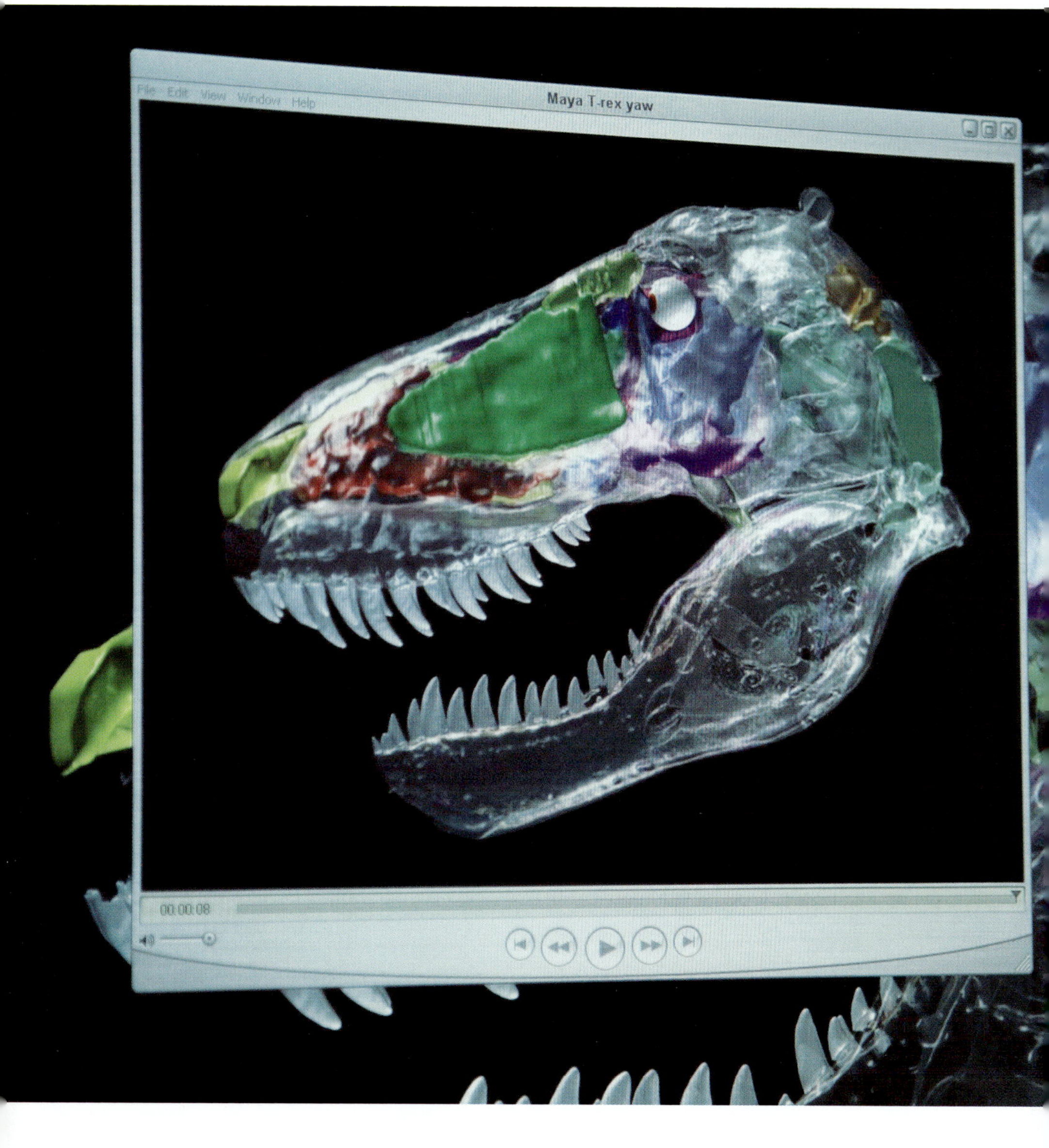

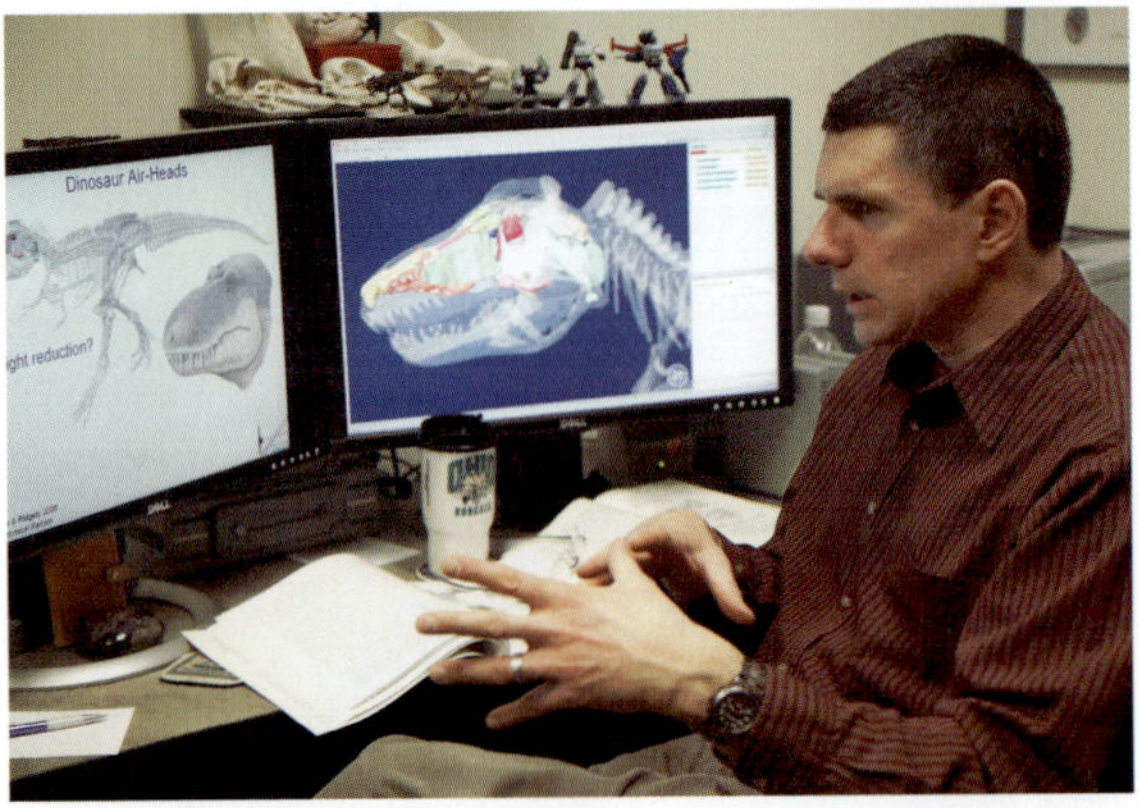

ウィットマー教授はCTスキャンによる恐竜研究の第一人者。恐竜をはじめとする生物の脳函(のうかん、脳が納められている場所)を中心に、研究を進めている。

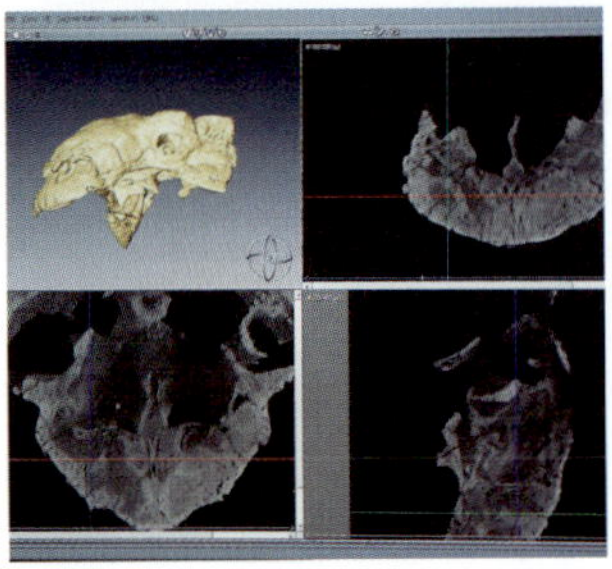

ウィットマー教授が、エウオプロケファルスの頭骨をCTスキャンした画像。

様子を観察することが可能となった。

たとえば、ティラノサウルスの頭骨をスキャンし、重さを約５００kgと算出。その脳は、相対的にずいぶんと小さなものだということがわかった。複雑な鼻腔をもった鎧竜類エウオプロケファルスの研究では、鳴き声に個体差があったということまで判明している。ウィットマー教授がＣＴスキャンで解析した恐竜は１００種類を超えるが、何も成果が得られなかったケースは1割に満たないという。

面白いのは、彼が人間用のＣＴスキャンを使っていること。化石を病院に持ち込んでスキャンし、得られたデータをラボに持ち帰る。ただしX線の量は、悪影響が心配される生きた人間とは違い、化石には無制限に照射される。

未知の構造や器官を化石の中に発見することは、発掘現場で新種の恐竜に出合うのと同じく、とてもエキサイティングな体験だ。複数の化石標本から得られた解析結果をＣＧで組み合わせ、内部までリアルなひとつの３Ｄ

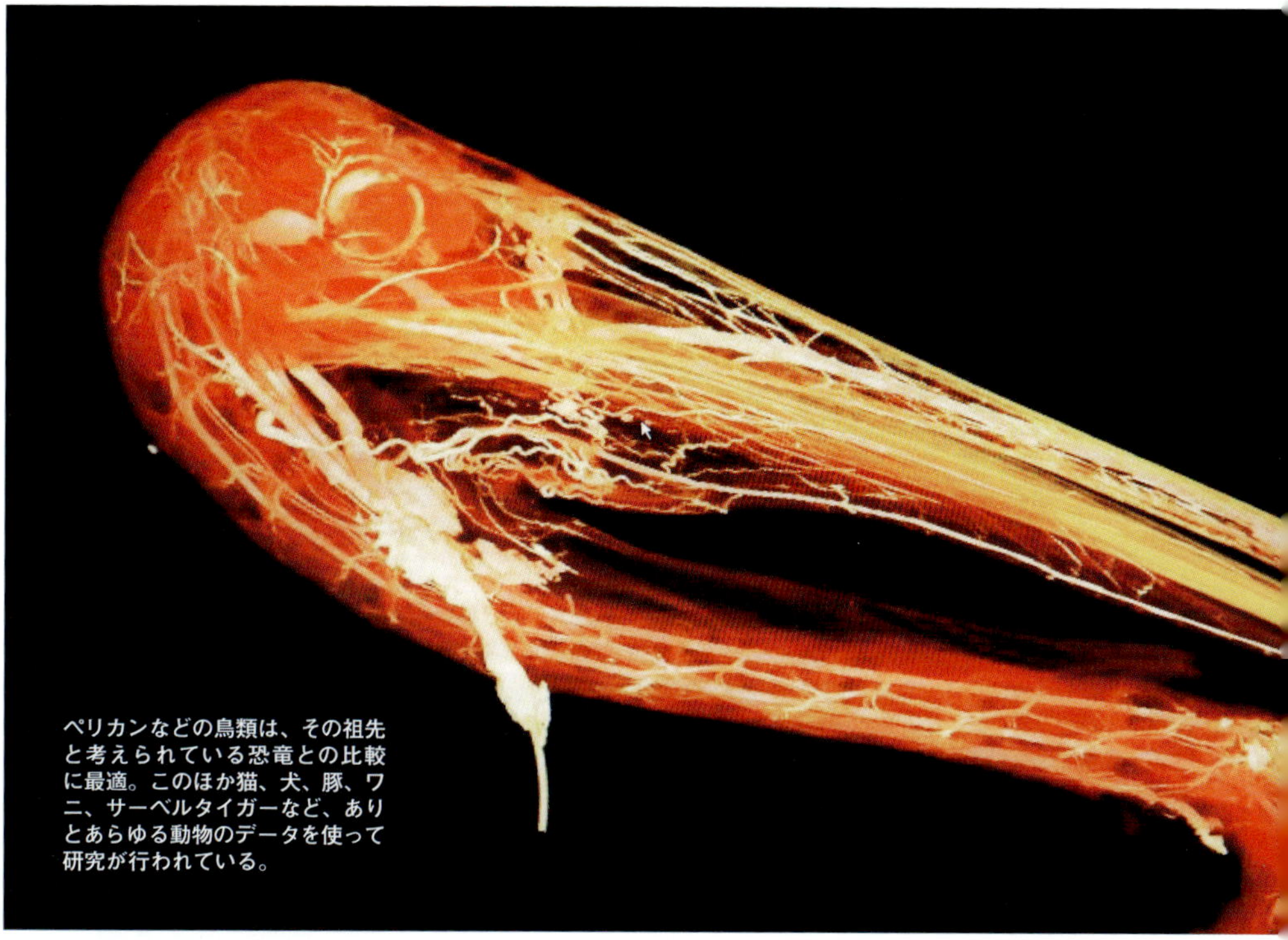

ペリカンなどの鳥類は、その祖先と考えられている恐竜との比較に最適。このほか猫、犬、豚、ワニ、サーベルタイガーなど、ありとあらゆる動物のデータを使って研究が行われている。

画像に再現することもできる。

ウィットマー教授は、たとえばペリカンなどの鳥類の脳もＣＴスキャンで研究している。恐竜と、その子孫と目される鳥類とを比較することで、初めて浮かび上がる事実も多いのだ。

「現代の生物を理解することは、古代の生物を理解するために不可欠です」

ＣＴスキャンという科学の〝目〟にとって、恐竜と現代の生物との間に、本質的な差異はない。

（土田貴宏）

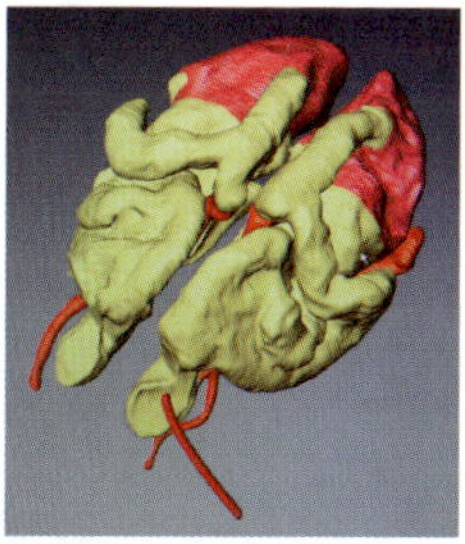

エウオプロケファルスの複雑な鼻腔を分析すると、鳴き声までもわかる可能性がある。

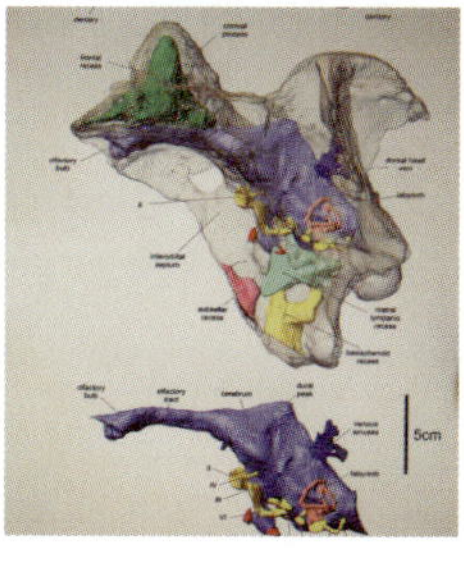

ＣＴで復元された３Ｄ映像は、そのまま学術論文のための図表にも用いられている。

●化石には残るはずはないと考えられていた恐竜の軟組織。2005年に、伸び縮みするほど柔軟な組織が発見され、恐竜研究は新たなステージへと歩を進めた。現在では、DNAの抽出をも視野に入れた研究がなされている。

軟組織研究

Soft Tissue

世界を震撼させた、軟組織という大発見。

２００５年３月、衝撃的なニュースが世界を駆け抜けた。ティラノサウルスの化石内部から、血管や細胞などの軟組織が見つかったのだ。細胞の核にはＤＮＡが存在し、理論上はそこからクローンを作ることができる。この可能性に映画『ジュラシック・パーク』の実現を夢想した人も多かっただろう。

実際には、軟組織が存在しても確実にクローンを作れるわけではない。しかし、その存在が恐竜の研究において大きな意味をもつのは間違いない。

この大発見があるまでは、実にさまざまな特殊技術が用いられていた。化石は、生物の死骸に長い時間をかけて鉱物成分が染み込んで生成されるものだ。だが、細胞などの軟組織はたとえ存在としては残っても、化石化する途中で壊れてしまうと考えられていた。

ノースカロライナ州立大学のメアリー・シュワイツァー准教授は、ある時、６８００万年前のティラノサウルスの大腿骨の化石を切り取り、弱酸性の溶液に浸した。この溶液は、化石のタンパク質を残しながら鉱物成分を除去するという独特の働きをする。すると化石の内側から、ティラノサウルスが生きていた頃と同じような軟らかい組織が現れたのだ。血管はいまも伸縮するほど柔軟で、その中からは核を持つ細胞を採取することができた。

「最初はまったくの偶然でした。自分でも信じられず、十数回も同じ実験を繰り返しました。さらに別のティラノサウルスの化石で試して、

顕微鏡で恐竜の軟組織を見るシュワイツァー准教授。発見した当初、発表したら大騒ぎになると考え、「死ぬほどの恐怖を味わった」という。実際、全世界のメディアが世紀の大発見に飛びつき大騒ぎになった。

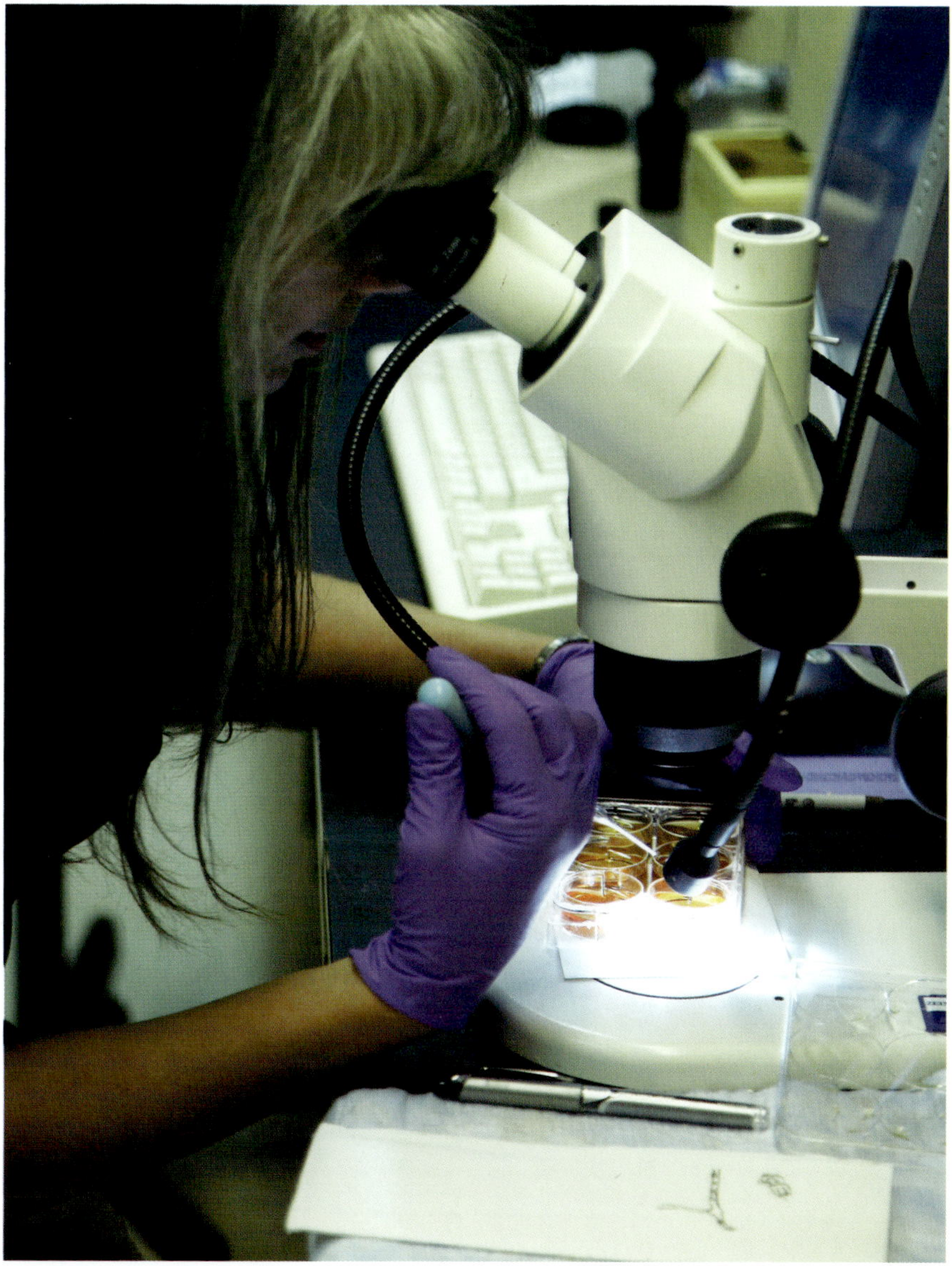

From Soft-Tissue Vessels and Cellular Preservation in Tyrannosaurus rex.
Reprinted with permission from AAAS.

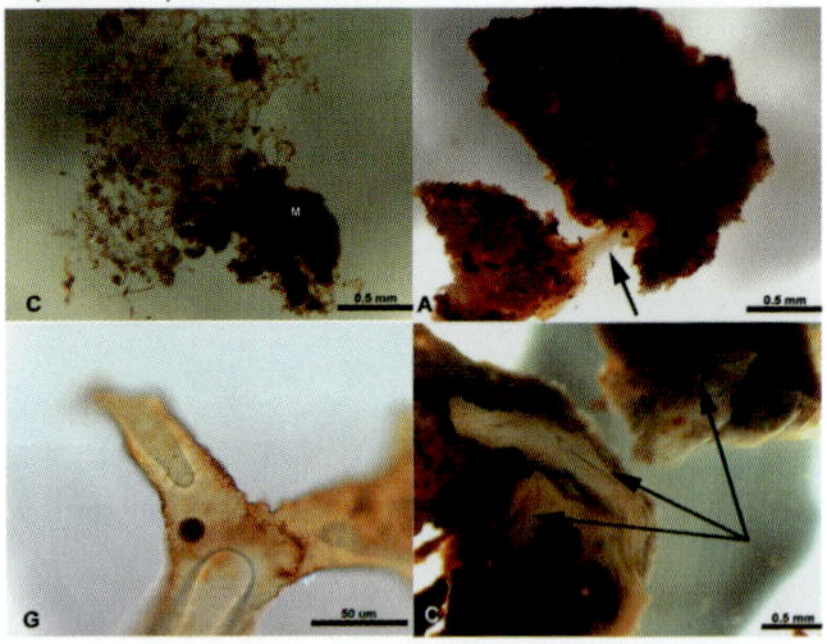

顕微鏡で見た軟組織。ミネラル分を除去したティラノサウルスの骨と柔軟な繊維質が見て取れる。

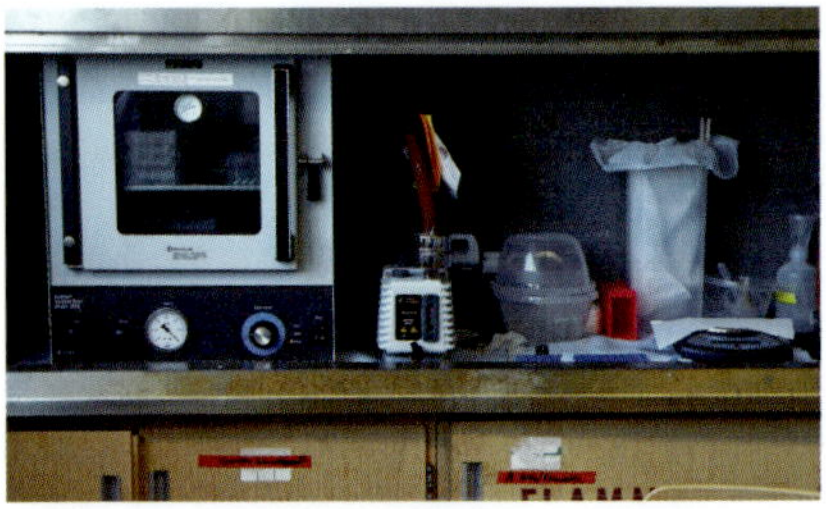

シュワイツァー准教授の研究室。自らの発見を世に公表すべく、十数回も実験を繰り返したという。

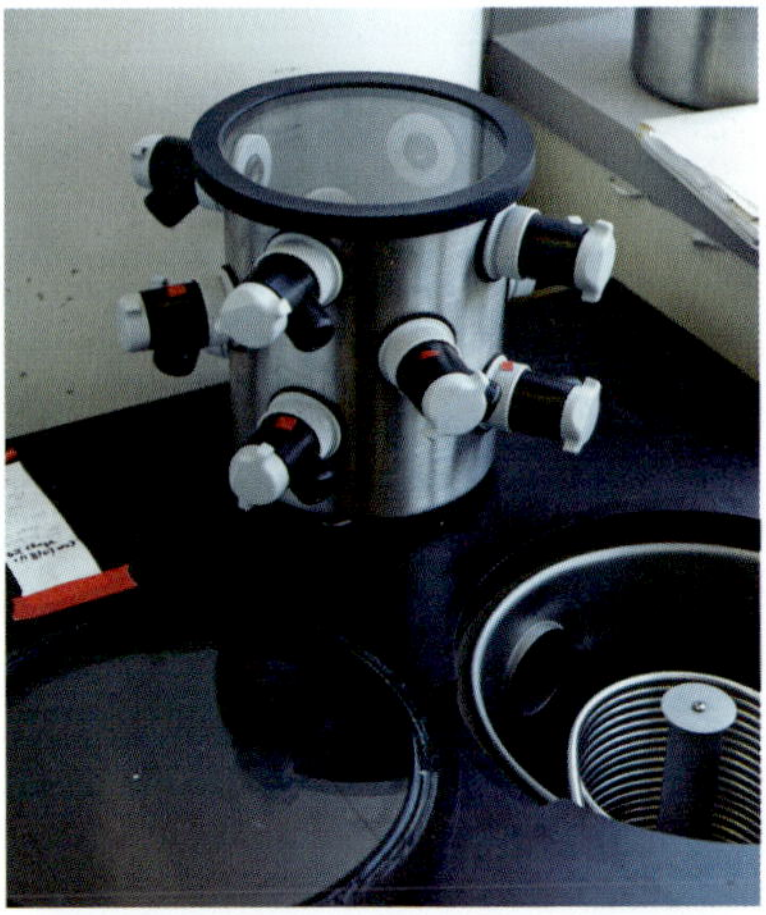

採取した軟組織は入念に検分される。これは、採取サンプルを凍結乾燥させるための装置。

走査型電子顕微鏡で骨細胞の存在を確認したのです」とシュワイツァー准教授は話す。

　走査型電子顕微鏡は半導体の品質チェックなどにも用いられるもので、微小な立体構造を観察することが可能だ。実験の結果、化石内の血管も骨細胞も、現存する動物と同じ構造をしていることがわかった。

　それまでの常識を覆したシュワイツァー准教授は今後、化石の中で軟組織がいかに保存されるのかというプロセスを解明していきたいという。「恐竜のDNAを研究する設備も、将来的に整えたいですね。でも、クローンを作れるほどの遺伝情報が化石から取り出せるかはわからないし、自然界の秩序を乱すべきではありません」

　とはいえ、数千万年を超えて軟らかな細胞が保たれたという事実は、それだけでロマンを感じさせる。恐竜たちが現代に〝復活〟する日も、そう遠くはないのかもしれない。

（土田貴宏）

●化石周辺の地表をスキャンし、搭載したカメラがとらえた画像を重ね、地形を立体的に再現できるレーザースキャナー「ライダー」。800ｍごとに地形を3D化し、化石を取り巻く環境などを推定する際に有効な情報が得られる。

3Dレーザースキャナー 3-Dimensional Laser Scanner

古生物学者の新兵器、その名は「ライダー」

２０００年、アメリカ中西部のノースダコタ州で、白亜紀の植物食恐竜ハドロサウルス類のほぼ完全なミイラが発見された。このセンセーショナルなニュースは世界を駆け巡った。驚くべきことに、皮膚や筋肉、後肢のひづめのケラチンの一部までもが残っていたからだ。その歴史的な発見に大いに貢献したのが、「ライダー」と呼ばれる地表スキャナーだ。

当時16歳だった少年、タイラー・ライソンにより発見されたミイラ「ダコタ」。実際の発掘作業は、イギリスのマンチェスター大学の特別研究員で恐竜形態学の専門家、フィリップ・マニング博士が指揮を執り、同大学と『ナショナル・ジオグラフィック』誌の協力のもとに進められた。

発掘は、恐竜の周囲の地表を調べることから始まった。３６０度回転するスキャナーとカメラ、全天候型のラップトップコンピュータが搭載されたライダーで、３Ｄの地図を作製するのだ。まず、ライダーから地表に向けて、高速度のレーザービームを発射。それが跳ね返ってくる時間により弾き出された数値が、〝ワイヤーイメージ〟と呼ばれる等高線図としてコンピュータの画面上に立体的に現れる。その後、カメラがとらえた画像をその上に重ねれば、完全な地形図を把握できる。さまざまな角度でのビューイングや拡大・縮小も可能だ。

これだけの情報を１台で集めることのできるライダーは、原油の掘削場所を決定する際にも使用されるという。こうして、地形図から得られたデータと地層のサンプルを分析することにより、ダコタが死んだ当時の環境が解明されていった。

「死体のみを検証しても、事件の真相はわからないのと同じこと。周りの環境の情報も同じくらい重要なんです」と、マニング博士は語る。周囲の風化した地表を調べることこそが肝心だと力説するのである。ライダーから得られた情報で、この一帯が当時は川岸だったことがわかった。川のぬかるみに誤って足を踏み入れたダコタは、短時間のうちに埋まってしまい、ほかの恐竜に食べられずに完全な姿をとどめたのだった。

マニング博士らは、ＧＣＭＳと呼ばれる成分分析装置なども活用。いまや恐竜研究は、精密機器を使う最先端技術が活躍する分野だ。手にハンマーとたがねだけでは、もはや古生物学者とは呼べない時代なのだ。

（三宅ゆき）

ダコタの発掘現場で使用されたライダー。トップにカメラ、その下にスキャナーがある。この土地は、ダコタが暮らしていた6500万年前は川岸だった。

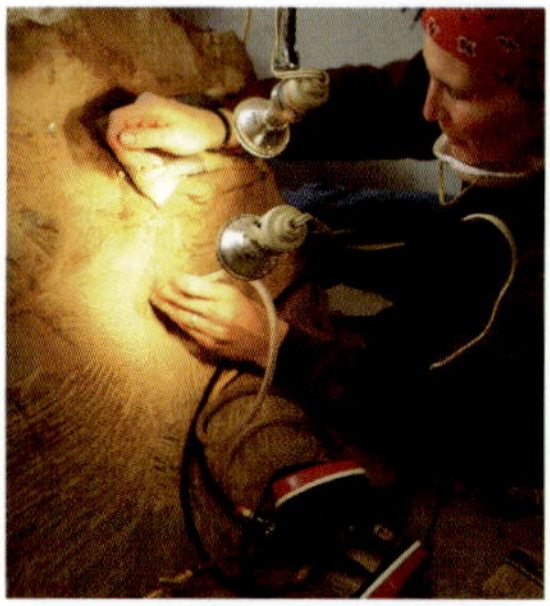

発掘後、膨大な時間をかけ化石のみを残す作業を行う。皮膚が見える。

郵便はがき

141-8205

おそれいりますが
切手を
お貼りください。

東京都品川区上大崎3-1-1
株式会社CCCメディアハウス
書籍編集部 行

■ご購読ありがとうございます。アンケート内容は、今後の刊行計画の資料として利用させていただきますので、ご協力をお願いいたします。なお、住所やメールアドレス等の個人情報は、新刊・イベント等のご案内、または読者調査をお願いする目的に限り利用いたします。

ご住所	□□□-□□□□ ☎ ― ―		
お名前	フリガナ	年齢	性別
			男・女
ご職業			
e-mailアドレス			

※小社のホームページで最新刊の書籍・雑誌案内もご利用下さい。
http://www.cccmh.co.jp

愛読者カード

■本書のタイトル

■お買い求めの書店名(所在地)

■本書を何でお知りになりましたか。

①書店で実物を見て　②新聞・雑誌の書評(紙・誌名　　　　　　　　　　　　　)

③新聞・雑誌の広告(紙・誌名　　　　　　　　　)　④人(　　　)にすすめられて

⑤その他(　　　　　　　　　　　　　　　　　　　　　　　　　　　　　　)

■ご購入の動機

①著者(訳者)に興味があるから　②タイトルにひかれたから

③装幀がよかったから　④作品の内容に興味をもったから

⑤その他(　　　　　　　　　　　　　　　　　　　　　　　　　　　　　　)

■本書についてのご意見、ご感想をお聞かせ下さい。

■最近お読みになって印象に残った本があればお教え下さい。

■小社の書籍メールマガジンを希望しますか。(月2回程度)　はい・いいえ

※ このカードに記入されたご意見・ご感想を、新聞・雑誌等の広告や弊社HP上などで掲載してもよろしいですか。

はい(実名で可・匿名なら可)　・　いいえ

video still by Karl Bates & Dr. Manning

カタロニアでのライダーによるスチール。恐竜の足跡がくっきりと。

ライダーのほかにも、画期的な研究機器を用いて分析が行われる。

かつてダコタがいたヘルクリーク層の近くでマニング博士が発見した、恐竜の足跡。

骨格で知る、ティラノサウルスのすべて。

ティラノサウルスの頭骨図

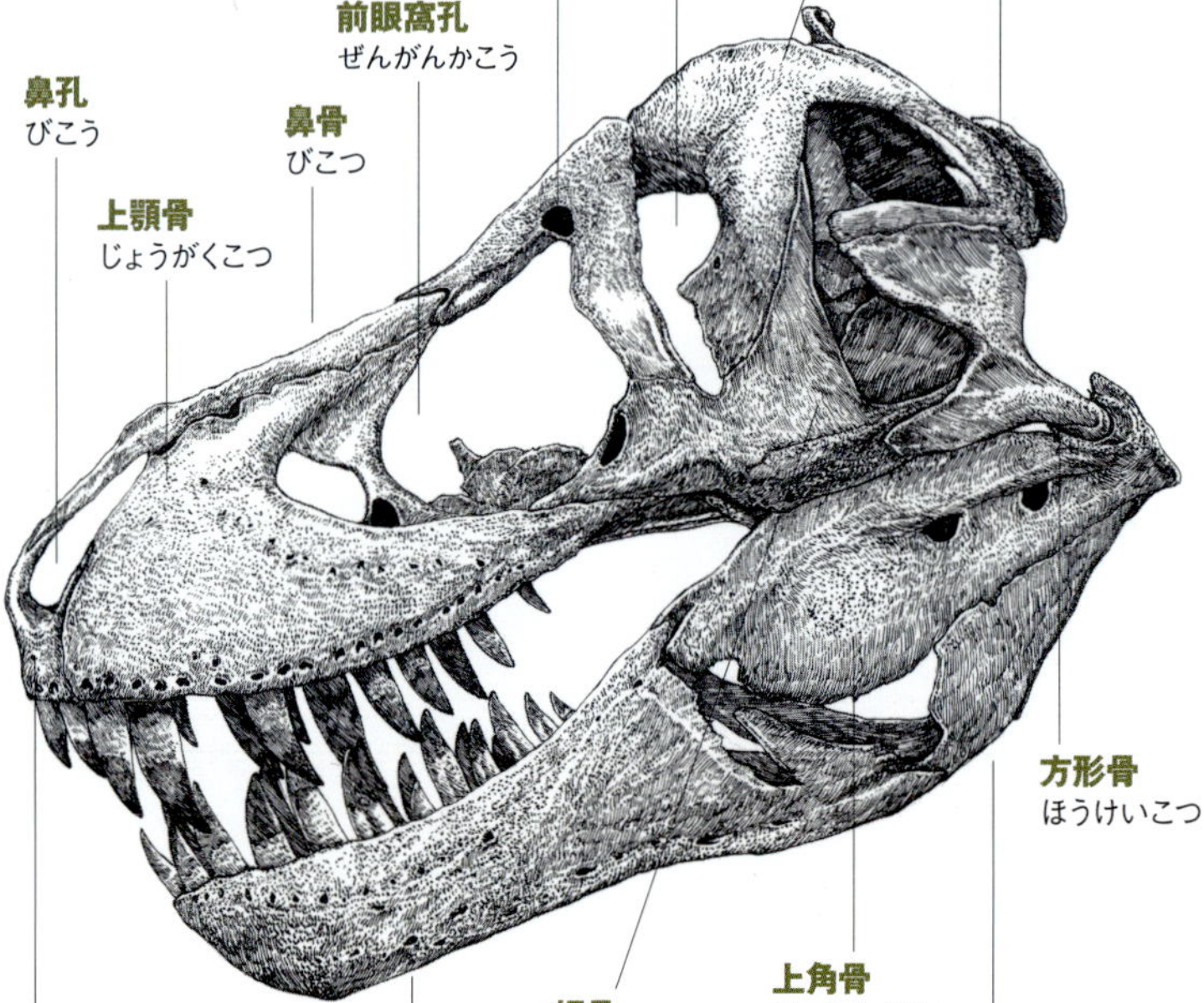

©小田隆

福井県立恐竜博物館には、実物大のティラノサウルスと間近に相対することができる「ダイノラボ」という空間がある。直接手で触れることができる大腿骨以外はレプリカながら、巨大な体躯は圧巻のひと言。長さ30㎝にもおよぶ歯がずらりと並んだ大きな顎は、3tもの力で獲物の骨ごと噛み砕くことができたという。

水平な脊椎と、
発見された“仲間”の骨

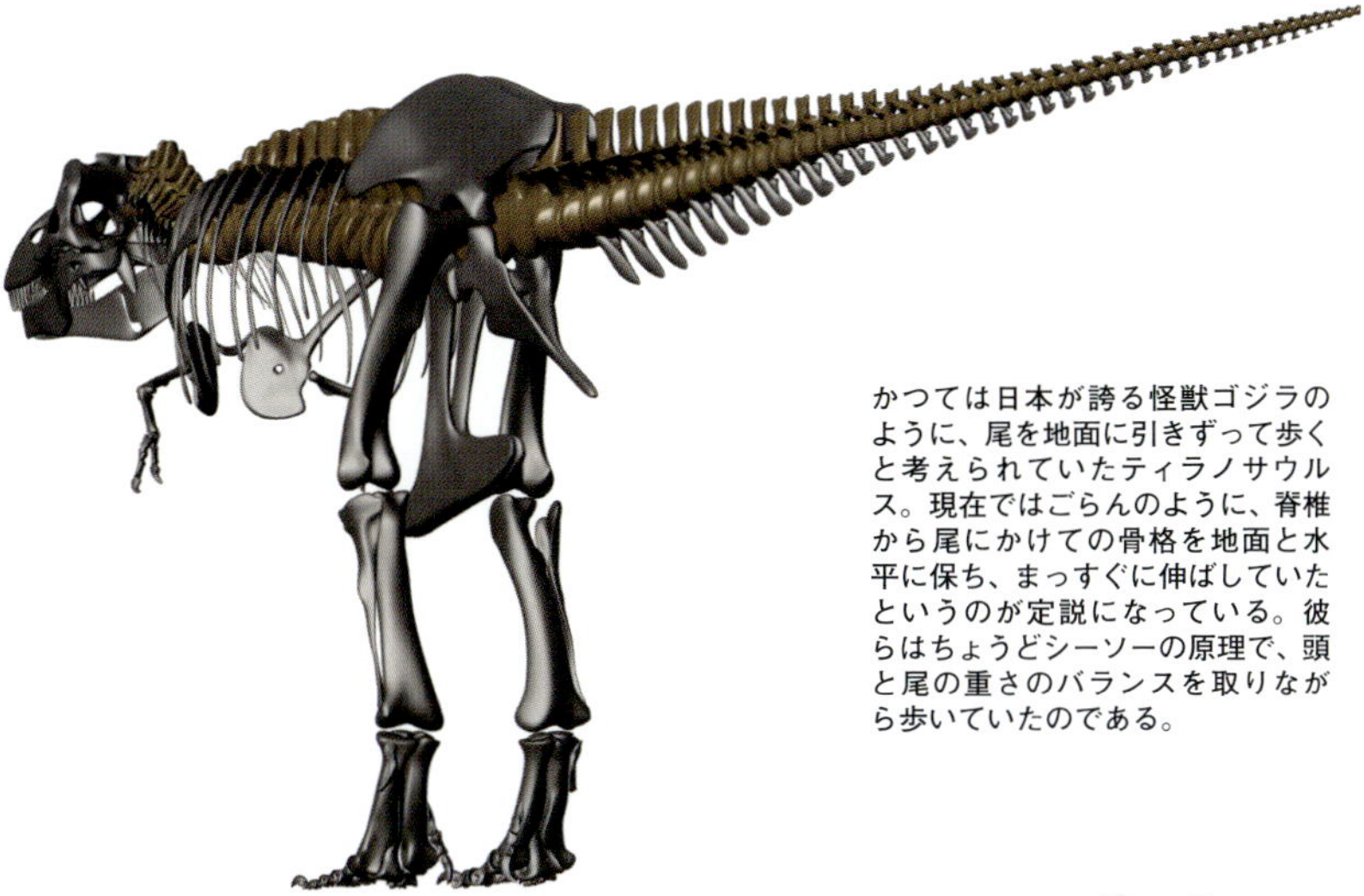

かつては日本が誇る怪獣ゴジラのように、尾を地面に引きずって歩くと考えられていたティラノサウルス。現在ではごらんのように、脊椎から尾にかけての骨格を地面と水平に保ち、まっすぐに伸ばしていたというのが定説になっている。彼らはちょうどシーソーの原理で、頭と尾の重さのバランスを取りながら歩いていたのである。

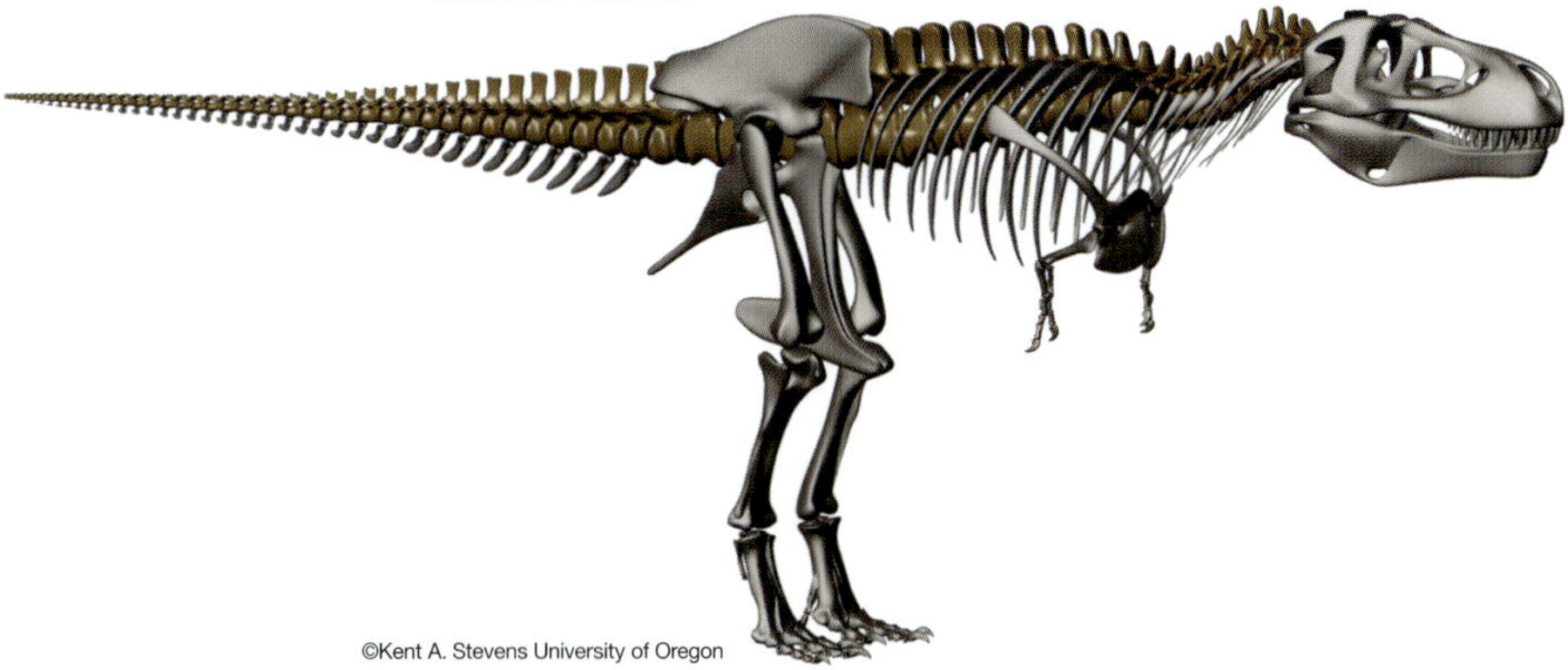

©Kent A. Stevens University of Oregon

近年、中国では注目の発掘が相次いでいる。右は、内陸部に位置する甘粛省で見つかった小型のティラノサウルス類シャオンガンロンの頭骨。このほかにもティラノサウルス類が、アジアの白亜紀前期の地層から続々と発見されている。

©甘粛省地勘局

©小田隆

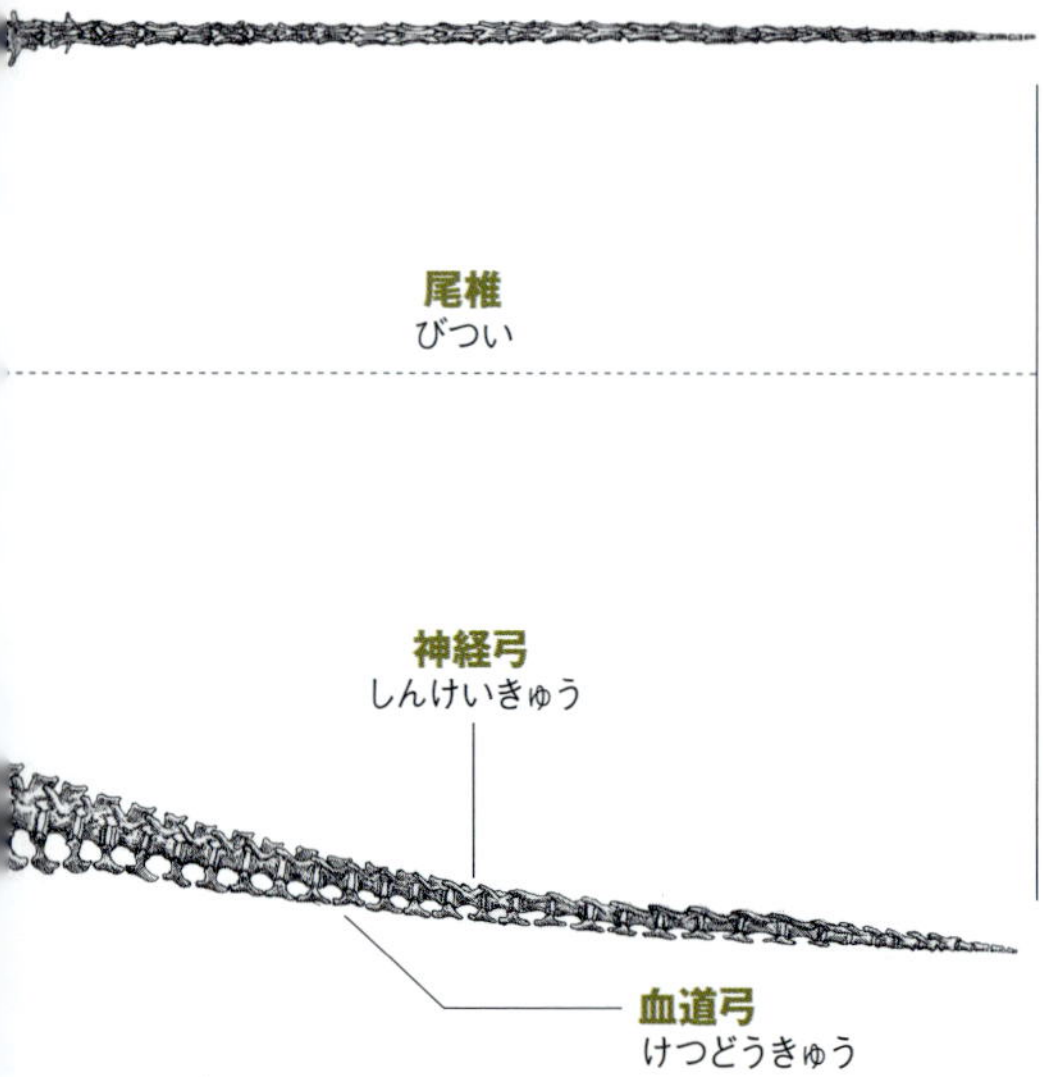

©Kent A.Stevens University of Oregon

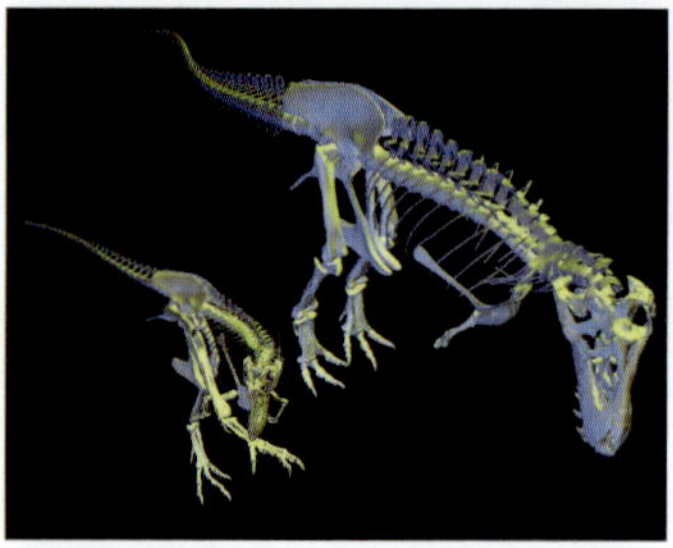

左が、2005年にティラノサウルスの子どもとして発表された化石“ジェーン”。右は全身の約66％の骨格が見つかっている標本、通称“スタン”。

©Kent A. Stevens University of Oregon

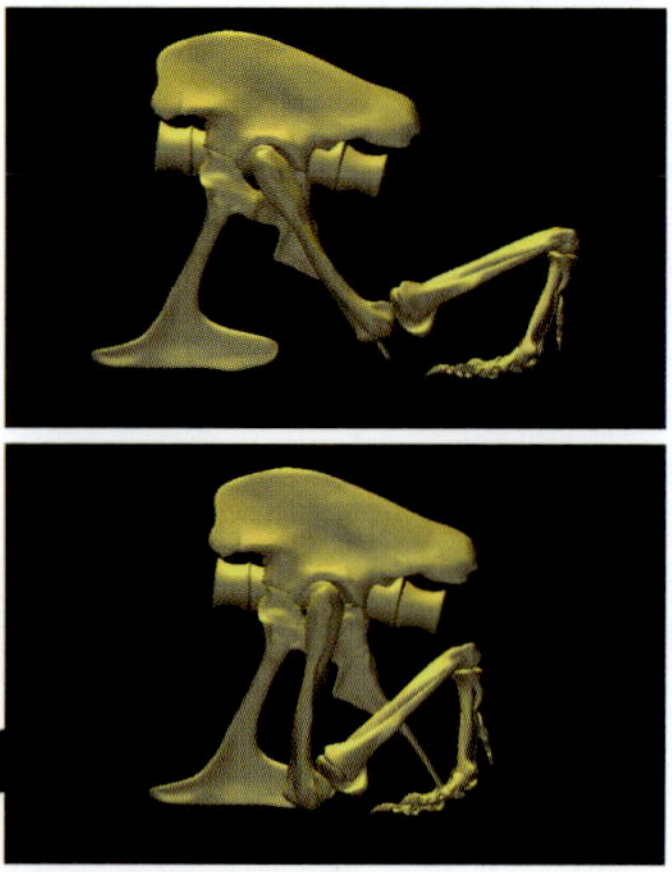

ティラノサウルスは太く強靱な後肢を持つことで知られる。ケント・スティーブンス教授の研究によれば、彼らは前のめりの姿勢から、前肢を地面について立ち上がったのではないかという。しかし、後肢の関節がこれほど深く折り曲げる力に耐えられたかどうかは検証の余地がある。

ティラノサウルスの全身骨格図

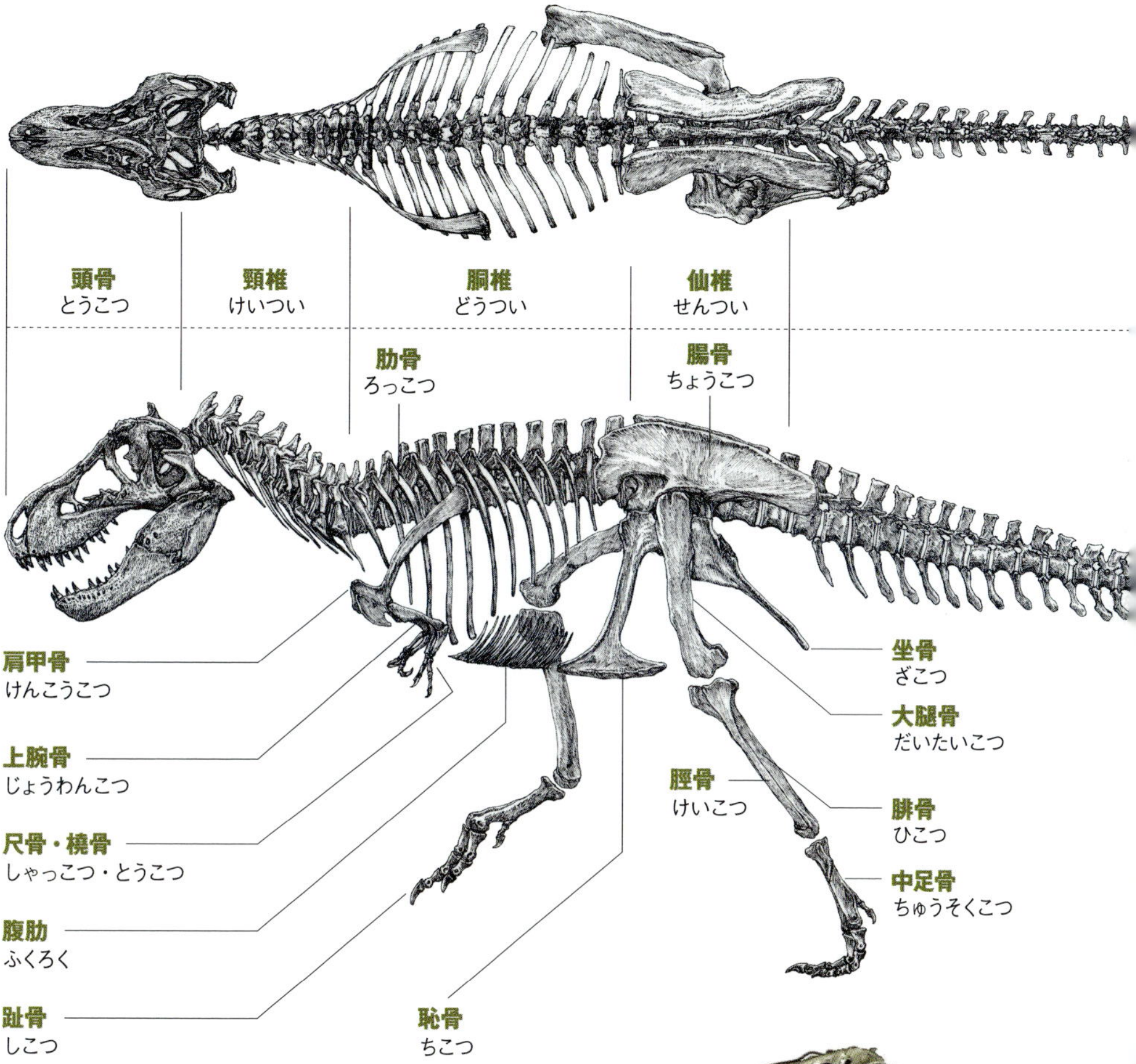

四肢の動きの仕組み

©Kent A.Stevens University of Oregon

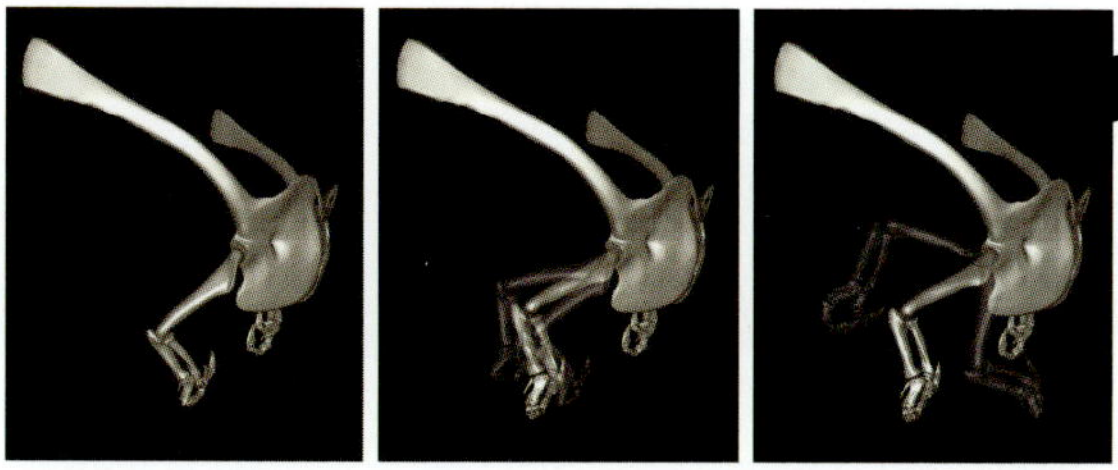

巨体に比べて異常なまでに短い前肢は、左図の程度の範囲しか可動しなかった。獲物を捕らえるには貧弱すぎるという見解もあり、ティラノサウルスの腐肉食説の根拠のひとつとなっている。指が3本あるのか、2本あるのかは議論になっていたが、最近は3本説が優勢な模様だ。

誰もが気になる、素朴な疑問にお答えします。II

Q. 恐竜はどうやって寝ていた？

A. 　これまで1点だけ眠ったままの姿勢で見つかった化石がある。トロオドンの仲間が鳥のように首を羽に埋めて眠る姿勢で発見され、メイ・ロン（寝竜）と名づけられたのだ（107ページにイラスト）。鳥類に近い恐竜だからこそ、このような姿勢で眠ったと考えて不自然ではない。大きな恐竜の場合、現生の野生の大型動物同様、立ったまま眠った可能性がある。一度横になると起き上がるのが困難な場合もあるのだ。最近ではティラノサウルスの短い前肢は、伏せた状態から起き上がるために使われたという仮説が提示された。

一方、冬眠していた可能性もある。成長線を調べると、現生の熊のように成長線の間隔に長短があるものがあった。これは冬眠状態とそうでない状態の差を示しているとされる。また北米では巣穴の中で保存されたヒプシロフォドン類が見つかり、その姿勢で冬眠していた可能性もある。

Q. 恐竜は耳が聞こえた？

A. 　化石から聴覚を推測することはできる。頭骨の中で内耳が入っていた空洞をもとにその形を復元するのだ。この方法によって、どのくらいの高さの音を聴くことができたかということがある程度わかる。一般に恐竜は低い音をよく聴くことができたとされている。たとえばアロサウルスは1キロヘルツ前後、ランベオサウルス類は600ヘルツくらいの音が聴きやすかった。オビラプトロサウルス類では、耳の周りに一種の呼吸器官である気嚢（きのう）が入ることによって骨が空洞状態になっている例があり、こちらもやはり低い音を聴くのを助けている。

声帯は化石に残らないため、どのような鳴き声をしていたかはわからない。ただしパラサウロロフスの筒状に長い頭の空洞は、本物と同様の模型を作って音を出した実験がある。音の反響を調べると、やはり低い音が出ることがわかり、このような音を使ってコミュニケーションをとっていただろうという程度までは推測できる。『ジュラシック・パーク』などの映画で恐竜が鳴き声を出すものがあるが、まだまだ想像の域を出ないものである。

熱意で掘り出す、世界の発掘現場レポート

Argentina

ネウケン Neuquên
新発見が続く、話題のプロジェクト

人類誕生以前にこの地球の覇者として君臨し、まれに見る繁栄を迎えながら、忽然と姿を消した恐竜。その生態や絶滅の真相は古生物学の発達とともに日々、明らかにされつつある。しかし、それらの事実すら、いまだ氷山の一角にすぎないのかもしれない。

恐竜研究は今も昔も、固い地層のベールをスコップやハケでていねいに剥がし、新事実を抱えて眠り続ける化石を掘り当てる作業が基本となる。発掘という地道な営みによって、これまでに南極を含む全7大陸からおよそ800種の恐竜の化石が発見され、学術的に分類されてきた。

世界の数々の恐竜発掘地のなかでも、新種

発掘技師たちは、発掘、ラボ作業、レプリカ作りのほかに炊事、洗濯、掃除と、1人で何役もこなす。

バレアレス湖の浜辺では、潮の満ち引きにより、恐竜の化石が露出した状態で発見されることも。大発見が期待できる土壌であることを実感。

ベースキャンプを背にしたスタッフたち。中列右端がカルボ博士、同左端がポルフィリ研究員。

一般公開する発掘現場は世界に少ない。今後、資金源とするためにも観光地化を進めたいそうだ。

掘り起こされたばかりの化石。形状などから、肋骨の一部ではないかとカルボ博士は推測している。

の恐竜の化石が次々に見つかっているアルゼンチンは、今いちばん研究者を魅了する場所。目下、史上最大と謳われるアルゼンチノサウルスや三畳紀後期に棲息していた世界最古の恐竜エオラプトルなどの化石が発掘されたのも、ここアルゼンチンだった。

恐竜発掘の名所と称されるモリソン層のあるアメリカでは、すでに19世紀半ばから盛んに発掘が行われてきたが、アルゼンチンで始まったのは、ようやく20世紀半ばになってからのこと。雄大な大地の広がるこの国は、それゆえに新たな発見の可能性を十分に秘めているのだ。Ｐｅｎはその現状を探るべく、北パタゴニアにある発掘現場を訪れた。

左手前が、石膏に包まれたフタロンコサウルスの尾骨。右奥は、メガラプトルの模型。

ブエノスアイレスの南西１１７８㎞に位置するネウケン州は、アルゼンチン最大の石油産地として栄える場所。そこはまた、大型恐竜の化石が発掘され続けていることでも世界の注目を集めている。今日までネウケン州内だけで30種以上の新種の恐竜が報告されており、南半球でこれほどに化石が密集する地域はほかにない。

州都ネウケン市より北に約90㎞、バレアレス湖の畔にベースキャンプを置く「プロジェクト・ディノ」は、大型恐竜の発掘を目的として２００２年に発足したものだ。これまでの成果のなかで最も世界に衝撃を与えたのは、２００７年10月に発表した世界最大級の新種の竜脚類、フタロンコサウルスの発見だった。全長は32ｍ以上と推定され、全骨格の７割が

発掘した化石を管理する資料室には、まだ名もない恐竜の化石がたくさん。取材時は、肉食恐竜5種、植物食2種、翼竜1種が、学名がつけられるのを待っている状態だった。

メガラプトルのレプリカ作りにいそしむスタッフ。納期が迫るなか、深夜まで作業が続く。

全長推定12mのアエオロサウルスの左上腕骨の実物を使って、レプリカ制作用の型を取る。

ほぼ完全な状態で発掘されたことは、これまで部分的な骨しか見つかっていなかった大型竜脚類としては前代未聞のニュースだった。

また、同じ発掘現場から肉食恐竜メガラプトルの巨大な前肢の爪や、そのほか数々の動植物の化石も発見。恐竜単体からは知りえない、白亜紀後期のポルテスエロ層の生態系を解明する手がかりとなっている。

プロジェクトは、2000年にホルヘ・カルボ博士率いるコマウエ国立大学の研究員が、この土地で竜脚類の上腕骨や獣脚類の歯の化石を発見したことに端を発する。バレアレス湖周辺でのさらなる発見を期待して調査が続けられ、01年にフタロンコサウルスを発見。おかげで、テント生活での作業は、長期発掘を想定したコンテナの常設ベースキャンプによる本格的なものに変わった。現在キャンプでは、研究者や発掘技師たちが共同生活を営みつつ、発掘と研究を進めている。

プロジェクト・ディノでは発掘作業は少し

ずつ、しかし手を休めることなく1年中、行われる。多くの化石は一度に掘り出せるものではなく、少し掘っては劣化しないように土や砂を被せ、また翌日掘っては被せ、といった繰り返しで掘り出される。壊れやすい大型の化石は、露出した面を湿った紙で覆い、上から石膏で固めて補強してから掘り起こす。「プラスタージャケット」と呼ばれる化石保護の技術だ。

　現場には展示場が併設され、掘り出された化石をクリーニングし、一般に公開している。決して博物館のように趣向を凝らしたものではないが、フタロンコサウルスやレバキサウルス、マクログリフォサウルスなどの大型恐竜の化石が無造作に展示されている様子は、まさに地中から掘り出されたばかりというリアリティが感じられる。

　プロジェクトは一般見学者を歓迎しており、ガイドが常駐して来訪者を案内する。社会科見学での児童の訪問が多く、夏休みには多くの人がこの僻地まで足を運ぶ。

　遠くヨーロッパで開催される恐竜展の企画者から受注があり、技師が総出で日夜、メガラプトルのレプリカ制作に没頭するなんてこともある。発掘に専念したいが資金難のため、致し方ないそうだ。プロジェクトは数社の企業から資金援助を受けているが、「可能ならば20名程度まで人員を増やし、作業効率を上げたい」と取材時、フアン・ドミンゴ・ポルフィリ研究員は言った。

　２００８年9月、古生物学の世界的権威であるシカゴ大学のポール・セレノ博士を招き、ネウケンで初めて国際的な学会が行われた。この土地が世界の恐竜研究にとって重要であることが認められた証しである。

「当初、発掘期間は4カ月程度の予定だったのですが、これからも続々と新種が見つかりそうで、プロジェクトは今後50年は続くでしょう」。カルボ博士は恐竜の歴史を塗り替える世紀の大発見を確信しているかのように、その顔に笑みを浮かべた。

（仁尾帯刀）

展示場には、大型恐竜の化石がゴロゴロと並ぶ。写真のレバキサウルスの化石はモロッコとアルゼンチンで発見されており、南米とアフリカが陸続きであったことの証しでもある。

Australia

インバーロック Inverloch

専門家も唸る、ボランティアの眼力。

オーストラリアでいま最もホットな発掘現場は、大陸南岸の町、インバーロック近くにある「フラットロックス」だ。オーストラリアと南極とが地続きだった頃、この場所にはちょうどカンガルーほどの大きさの植物食恐竜が棲息していた。当時は３カ月も太陽が見られないほど冬は厳しかったが、彼らは高い新陳代謝率により、自力で体温を上げることができたという。

大型の恐竜は発見されないものの、小型恐竜の細かい化石が多いぶん、発掘作業はより難易度が高くなる。しかし、この現場がユニークなのは、地質学者や古生物学者といったプロフェッショナルだけでなく、たくさんのボランティア・スタッフによって支えられていること。この取り組みは「ダイナソー・ドリーミング」と呼ばれる発掘プロジェクトで、１９９４年に始まった。

希望者は発掘を主導するヴィクトリア博物館主催の説明会に参加し、化石の見きわめ方や発掘の手順など、フィールドワークの基礎知識を身に付ける。そして専門家をサポートする形で、約１カ月間行われる発掘期間中、１週間ほど作業に携わることになるのだ。

毎年何十名もがニュージーランドやイギリス、日本などから訪れるが、単なる〝体験ツアー〟と侮るなかれ。ボランティア・スタッフが、重大な発見をした例も多いのだ。たとえば取材時には、69歳になるファンキーなおばあちゃんのメリー・ウォルターズが、オースト

早朝に起きた発掘チームは、海水をポンプやバケツで汲み出し、化石が含まれた岩盤を露出させる。
http://dinosaurdreaming.monash.edu

ラリアで唯一の、多丘歯目《たしきゅうもく》と呼ばれる原始的な哺乳類の痕跡証拠を見つけていた。フラットロックスでは、恐竜と哺乳類が同時代の地

ボランティア・スタッフが発見した化石を、専門家が検証。思わぬ大発見につながることもある。

右：ボランティア・スタッフたちは事前に発掘技術のイロハを学び、いざ、岩盤へ立ち向かう。上：現場では正確な分析は難しいため、重要と思われる化石はていねいに梱包されてラボへ運ばれる。

層から発見されるのだ。

モナシュ大学で化石鳥類の研究をしている恐竜オタクのロジャー・クローズも、50個以上の化石を発見している。全員、ホコリまみれになって奮闘し、期間中に発掘された化石の総数は５００以上にもおよぶというから驚きだ。

フラットロックスで発掘できる時間帯は限られている。化石が出土する岩盤は、満潮時には海水に没してしまうのだ。それゆえ、発掘チームは干潮時の朝を狙って現場に赴き、海水を汲み出すことから作業をスタートする。

露出した岩盤をつるはしやハンマーでコツコツと削り、化石とおぼしき岩を見つけたら、専門家に報告する。発見に喜ぶ笑顔、早とちりを指摘され、少しだけ落胆する顔。皆、恐竜に思いを馳せた少年時代の夢を、大切にしている人々ばかりだ。興味があったら一度、訪れてみよう。きっと翌年からは、常連になっているに違いない。

丹波 Tanba
竜脚類が眠る、いま注目の発掘現場。

日本で初めて恐竜の化石が発見されたのは１９３４年のこと。当時は日本領だった樺太で出土した骨格が、北海道帝国大学教授の長尾巧により「ニッポノサウルス・サハリネンシス」と命名されたのが始まりだ。現在では北海道から九州まで、１道14県から恐竜化石が見つかることがわかっている。

今回、Ｐｅｎが取材したのは兵庫県丹波市。ティタノサウルスやブラキオサウルスといった竜脚類の一種と思われる化石が数多く出土した注目の発掘現場だ。

ＪＲ福知山線下滝駅の南東の発掘現場は、篠山川のすぐそば。コツコツという音につられて川辺に近づいてみると、防護用ヘルメットを被った20名ほどの人々が、車座になって一心に石塊と対峙する姿に出会う。化石が残っているのは、川水が染み込む泥岩層。上層に堆積した砂岩層はショベルカーで一気にえぐり取られ、その後、ハンマーやノミといった工具を手にしたスタッフたちの手によって、ていねいに岩盤が削り取られていく。

発掘開始のきっかけは２００６年8月。高校で英語を教えていた化石マニアの足立洌さんが、友人の村上茂さんと散策中、化石が露出する岩盤を偶然見つけたのである。これに沸いたのは地元の住民だ。林業を別にすればさしたる産業のない土地に住む人々は、慣れ親しんだ郷里に体長十数ｍにも達する巨大な恐竜が住んでいた、というわくわくする可能性に驚喜した。以来、住民たちは率先して現場

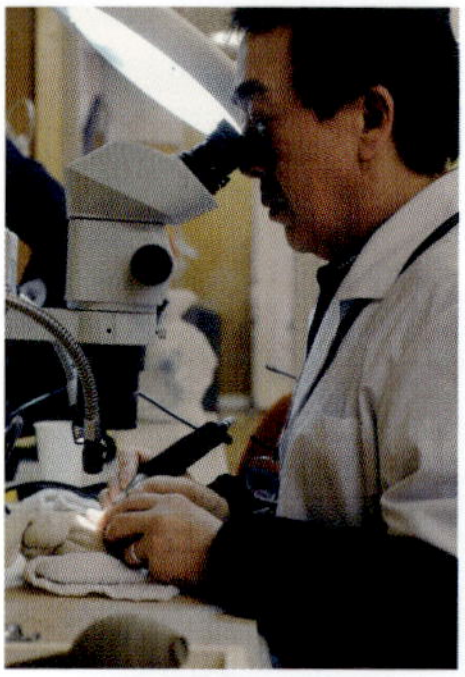

左：顕微鏡で化石をのぞき、クリーニングを行う横内さん。専門家と見紛うほど鮮やかな手つき。下：化石が含まれた岩盤はプラスタージャケットで一時的に覆われ、「化石工房」で改めて検分される。

発掘現場は篠山川のすぐそば。スタッフはハンマーを使い、岩の破片をさらに細かく砕いていく。

を訪れ、ボランティアで発掘に参加している。

第1次発掘調査から第3次発掘調査までで、竜脚類の化石のほか、獣脚類、鳥脚類の歯の約60点を含む2883点の化石が確認されている。重要な化石を含んだ岩盤は、石膏で固められてそのまま剥《は》ぎ取られ、トラックで移送されて室内で石膏が砕かれ、クリーニングへ。次の発掘時期までは、発見した化石群の解析が行われるのだ。

地域住民は発掘作業だけでなく、ラボ作業もサポートしている。丹波市役所山南支所には通称「化石工房」が設置され、公募に応じた精鋭が専門家の手ほどきを受けてクリーニングを行っている。取材時に話を聞いた横内悦実さんもそんな1人だ。

「もともと恐竜に興味なんてなかったが、ハマったらやめられないですよ」

楽しそうに語る一方、表情は真剣そのもの。エアーチゼルという特殊な工具を使って、化石に付着した余分な石をミリ単位で吹き飛ばしていく。

「表面に露出した岩と化石では色が違う。その違いがわかる瞬間が面白い」

気が遠くなるほど地道な作業。だが、太古の記憶とじかに触れ合う喜びは、何ものにも替えがたい。

岩盤に青のマーカーで軸線を引き、化石の発見場所を細かく記録。青い上着の人物が発掘を指揮する「兵庫県立人と自然の博物館」の三枝春生・主任研究員。

誰もが気になる、素朴な疑問にお答えします。III

Q. 恐竜は群れで生活していた？

A. 角竜のケラトプス類では群れ（群生）の証拠が残っている。獣脚類ではアルバートサウルスも群生の可能性がある。では、証拠は何か。化石がたくさん見つかる「ボーンベッド」と呼ばれる地層の中で、たとえば1種類の恐竜の化石の量が卓越していたとする。すると群生していた恐竜たちが天変地異などで一気に死に絶え、その後化石化したものかもしれないということになる。

もちろん同種の化石が徐々に堆積する場合もあり、ボーンベッド＝群生の証拠ではない。また、足跡の集中も群生の証拠と言えなくないが、水辺など足跡が自然と集中する場所もあり、やはり単純ではない。アルバートサウルスの場合、あるボーンベッドの90パーセントを大小の同種の化石が占めていた例がある。群れを作るということは少なくとも互いを同種として認識できたということ。角竜類のフリルはさまざまな形状があるが、これは種を見分けるためのシンボルだった可能性もある。一方、獣脚類のデイノニクスが「家族」で狩りをしていたという説があるが、こちらは確実ではない。

Q. 恐竜はどのくらい賢かった？

A. 賢さは何を指標にするかによる。一番考えやすいのは脳の大きさ。ただし脳の絶対量だけでなく、身体の大きさとの比率も重要だ。脳がいくら小さくても、身体が小さければ賢くなかったとは言い切れない。脳は化石に残らないが、周囲の頭骨を調べることができる。頭骨をCTスキャンにかけて、コンピュータで脳があった場所の形を再構築するのだ。

ドロマエオサウルスやマニラプトル類のような鳥に近い恐竜は、鳥と同様に大きな脳を持っていたと考えられる。ティラノサウルスのようなさらに古い獣脚類の場合、現生の爬虫類よりも脳の比率が大きいが、鳥よりは小さかった。また角竜や竜脚類では現生の爬虫類の基準値よりも小さかった例がある。しかし角竜の場合、群生など複雑な行動ができたと考えられるため単純に賢くなかったとは言い切れない。トロオドンのような大きな脳を持っていたものは、コヨーテのように俊敏に狩りができる賢さを持っていたかもしれない。

いにしえの生物に、魅せられた人々。

ポール・セレノ Paul Sereno ―シカゴ大学教授―

好奇心を武器に、五大陸を駆け巡る。

全長14mの肉食恐竜、カルカロドントサウルス。その巨大な頭骨を発見したのが彼、ポール・セレノ教授だ。

現代人がイメージする恐竜の姿は、探究心と想像力の結晶だ。そのロマンゆえに、あまたの恐竜学者が日々、研鑽《けんさん》を重ねている。なかでも、シカゴ大学教授のポール・セレノは最重要人物の1人。幼い頃にはアーティストを夢見ていた彼は、古生物学がアートだけでなく、トラベルとサイエンスという3つの要素が重なる刺激的な学問であると気づき、恐竜学者を志した。

彼は積極的に発掘活動を行い、コロンビア大学で博士号を取得。その後の20年間で、最も初期の恐竜である南米のエオラプトルや、ほぼ全身の骨が残存しているアフリカのジョバリア、インドのラジャサウルスなど、数々の発見により恐竜研究史を塗り替えてきた。そ

1997年にニジェールで発見した大型恐竜、スコミムス・テネレンシスの骨格。数人のアシスタントが、ていねいにクリーニングを行っている。

して五つの大陸を発掘した、唯一にして無二の人物となったのだ。

　そんな偉業の主人公が鮮明に覚えていることがある。１９８８年、ヘビのように開く大きな口の獣脚類、ヘレラサウルスを発掘した時のことだ。

「やはり、初めての発見は忘れられない。右も左もわからない私が、頭骨の残った状態で見つけられたのです」

　近年では、生きた獲物を強靭な歯と爪で引き裂くエオカルカリア・ディノプスと、スカベンジャー（腐食動物）のクリプトプス・パライオスという新種の肉食恐竜をニジェールで発見した。

「97年には同じニジェールで魚が主食の肉食恐竜スコミムス・テネレンシスを発見しました。これらの発見で、アフリカでは、ティラノサウルスが支配した北半球とは異なり、食性の違う3種の肉食恐竜が共存していたことがわかったのです」

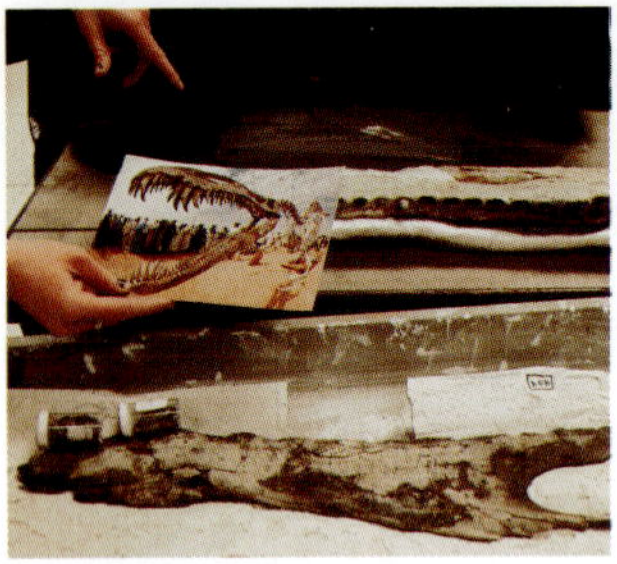

スコミムス・テネレンシスの顎の骨格化石。手にした写真はニジェールで撮影された。

研究室には、頭骨のレプリカがずらりと並ぶ。さながら恐竜博物館のようだ。

ほぼ全身の骨が見つかっている竜脚類、ジョバリアの大腿骨のレプリカ。

発掘現場は、前人未踏の広大な荒野がほとんどだ。そこにアクセスするだけでも、相当な危険を伴う場合がある。

「発掘には試練がつきもの。サハラでは山賊に遭ったこともあります。幸い〝プロの山賊〟ではなく、クルマのタイヤを切られた程度でしたが。人間は未体験の事態に恐怖を感じます。だからこそ、発掘者はサバイバル技術やクルマの修理法など、さまざまな知識を身に付けておく必要があるのです」

新たな恐竜との出合いという冒険を前にした彼の好奇心は、何者も押しとどめることはできない。

好評発売中!

20歳のときに知っておきたかったこと

31万部突破!

スタンフォード大学 集中講義

いくつになっても人生は変えられる! 起業家精神とイノベーションの超エキスパートによる「この世界に自分の居場所をつくるために必要なこと」。

ティナ・シーリグ　高遠裕子 訳／三ツ松新 解説　●定価1470円／ISBN978-4-484-10101-9

著者出演「スタンフォード白熱教室」NHK教育テレビで放送中!
5月、6月(8回放送)／毎週日曜 18:00～19:00(※放送予定は変更になる場合があります。)

ビジネス書大賞2011「ベスト翻訳ビジネス書賞」受賞!

2011年5月の新刊

「透明社員」を使え! やる気のない部下を頼れる戦力に変える方法

目立たないように無難にやり過ごし、最低限の仕事しかしない……そんな「透明社員」をやる気にさせ、能力を引き出すには? 彼らを使ってチーム力を驚異的に伸ばすノウハウ。

ゴスティック／エルトン　古賀祥子 訳　●定価1575円／ISBN978-4-484-11107-0

有名人の成功のカギはドラッカーの『マネジメント』にあった

シャネル、カラヤン、シューマッハ他48人の成功から「マネジメント」の神髄を学ぶ。

フランク・アーノルト　畔上司 訳　●定価1890円／ISBN978-4-484-11108-7

彼女が会社を辞めた理由 夢を叶えた「元会社員」13人の物語

会社を辞めて起業家に、調香師に、漫画家に、バーテンダーに──。大胆な転身を遂げた、大宮エリーさん他13人の心に響く言葉。人生をあきらめたくないすべての女性たちへ。

影山惠子　●定価1575円／ISBN978-4-484-11213-8

ぐっすり眠って、すっきり起きよう!

今度こそ「快眠」できる12の方法

リラックスの仕方から睡眠薬の正しい知識まで、あなたに合った快眠法をアドバイス。

内山真 監修　●定価1365円／ISBN978-4-484-11212-1

Wake up!! TAMALA みんながいるから、あたちはいるの

子ネコのタマラとめぐる、生きものたちと地球の未来─NHK「SAVE THE FUTURE」で放映され大反響をよんだアニメーションが本に。いま子どもたちに伝えたい“希望”の物語。

WWF(世界自然保護基金)ジャパン推薦　t.o.L　●定価1575円／ISBN978-4-484-11210-7

阪急コミュニケーションズ

〒153-8541 東京都目黒区目黒1-24-12　☎03(5436)5721
全国の書店でお買い求めください。定価は税込です。

■books.hankyu-com.co.jp
■twitter:hancom_books

pen BOOKS

『Pen』で好評を博した特集が書籍になりました。
ペン・ブックスシリーズ 好評刊行中! ［ペン編集部 編］

印象派。絵画を変えた革命家たち ●定価1680円／ISBN978-4-484-10228-3

1冊まるごと佐藤可士和。[2000-2010] ●定価1785円 ISBN978-4-484-10215-3

広告のデザイン ●定価1575円／ISBN978-4-484-10209-2

江戸デザイン学。 ●定価1575円／ISBN978-4-484-10203-0

もっと知りたい戦国武将。 ●定価1575円／ISBN978-4-484-10202-3

美しい絵本。 3刷 ●定価1575円／ISBN978-4-484-09233-1

千利休の功罪。 木村宗慎 監修 ●定価1575円／ISBN978-4-484-09217-1

茶の湯デザイン 4刷 木村宗慎 監修 ●定価1890円／ISBN978-4-484-09216-4

神社とは何か? お寺とは何か? 6刷
武光誠 監修 ●定価1575円／ISBN978-4-484-09231-7

ルーヴル美術館へ。 ●定価1680円／ISBN978-4-484-09214-0

パリ美術館マップ ●定価1680円／ISBN978-4-484-09215-7

ダ・ヴィンチ全作品・全解剖。 2刷
池上英洋 監修 ●定価1575円／ISBN978-4-484-09212-6

madame FIGARO Books

フィガロジャポンの好評特集が
本になりました! ［フィガロジャポン編集部 編］

パリの雑貨とアンティーク。 2刷 ●定価1680円／ISBN978-4-484-11204-6
どこか懐かしくて、ぬくもりいっぱい。パリの暮らしを支える雑貨屋さんほか全91軒。

パリのビストロ。 2刷 ●定価1575円／ISBN978-4-484-10234-4

パリのお菓子。 ●定価1575円／ISBN978-4-484-10227-6

Japan

フィールドワークこそ、恐竜学の醍醐味。

小林快次

Yoshitsugu Kobayashi ─北海道大学 総合博物館准教授─

日本人で初めて恐竜学で博士号を取得し、今や世界的な研究者として知られる小林快次さん。恐竜化石の名所である福井県に生まれた彼は、古生物学の定説を次々に塗り替えている。本来肉食である獣脚類から胃石を発見し、彼らのなかには例外的に植物食の種類も存在することを証明したのも彼だ。

「最近は恐竜の生態復元を行っています。頭骨をCTにかけて脳の形を調べると、嗅覚を司る〝嗅球〟の大きさがわかります。大脳と嗅球、体重の関係を現生動物と比較し、面白いことを発見しました。嗅覚の良し悪しは身体の大きさと深く関係していたのです」

かつてはティラノサウルスが、ハンターかスカベンジャー（腐食動物）かという議論があったが、それにも終止符を打った。

「これまでも言われていたように、ティラノサウルスの嗅覚は優れている。その嗅覚は死骸を食べるために使われたのではなく、広い範囲で獲物を感知したり、暗闇など視覚が限定されるところで獲物を探すために使われたのです。ほかの恐竜よりもティラノサウルスが優れていたことが改めてわかりました」

研究室にこもるだけでなく、小林さんはフィールドワークも活発に行う。現在はアラスカのデナリ国立公園で調査中だ。

「3人のチームで公園内50㎞をヘリで移動し、グリズリーやオオカミがうようよいる場所に1週間ほどキャンプしながら調査します。切り立った崖を登ったりするので、何度も死ぬ

かと思いました」

この調査の大きなテーマは「恐竜は冬を越せたか」ということ。当時のアラスカは現在よりも暖かかったが、冬はやはり寒く、雪も降り食料も限られていたはずだ。

「しかし我々の調査では恐竜が越冬していた証拠がどんどん出てきています。年齢でいうと1～2歳、体長1mくらいの子ども恐竜の化石が出る。彼らは何千kmもの距離を移動できませんから、越冬できたということです」

さらに小林さんは恐竜の絶滅に関する論争にも一石を投じてくれそうだ。

「越冬できるのであれば、隕石衝突後の冬も越せたのではないかと当然考えられます。恐竜は〝寒さ〟で絶滅したというよりも、急激な環境の変化に耐えられなかったから絶滅したのではないか。一方で、鳥や哺乳類たちは急激な変化に対応できたから生き延びられたのかもしれません」

アラスカだけにとどまらず、小林さんは過酷なフィールドへ次々に飛び込んでいく。

「モンゴルのゴビ砂漠や中国でも調査を行っています。誰も足を踏み入れたことのない土地で調査をし、仲間たちと輪を作って新しいものを見つける。これこそ恐竜研究の醍醐味です」

（石﨑貴比古）

©Yoshitsugu Kobayashi

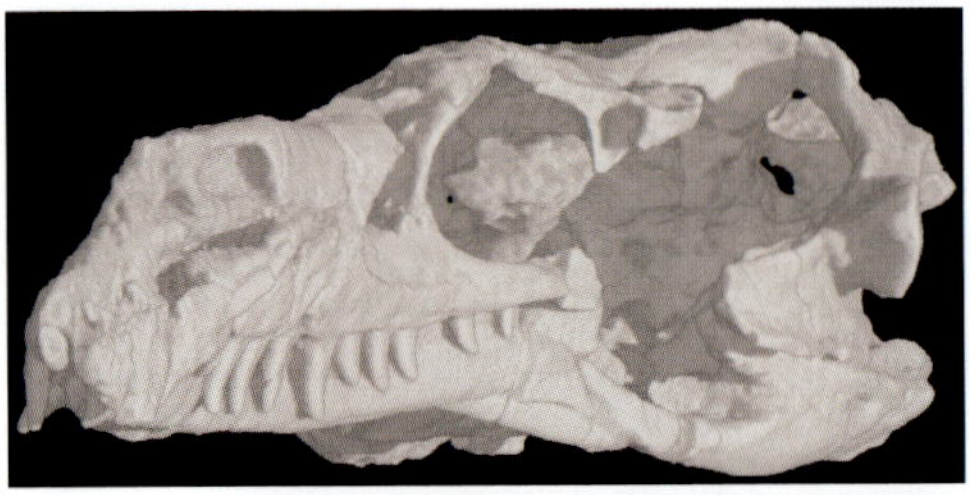

©Yoshitsugu Kobayashi

上：脳の形を調べるため、肉食恐竜ヴェロキラプトルの頭骨をCTスキャンした画像。右：アラスカのデナリ国立公園から発見された獣脚類恐竜の足跡の化石。

1971年生まれ。アメリカのサザンメソジスト大学にて日本人で初めて恐竜学で博士号を取得。故郷である福井県の県立恐竜博物館古生物学研究職員を経て現在、北海道大学総合博物館准教授。NHKスペシャル『恐竜絶滅　ほ乳類の戦い』の監修なども務める。

©Yoshitsugu Kobayashi

©Yoshitsugu Kobayashi

フィールドワークも活発に行う小林さん。アラスカ州デナリ国立公園での発掘は、ヘリで広い公園内を移動し、崖を登り降りして行うという過酷な作業となる。上：デナリ国立公園で崖に露出した植物食恐竜の足跡。このように地表以外の思わぬ場所から化石が発見されることも。

China

「恐竜は平和の大使」、竜王はそう語る。

董《ドン》枝《チ》明《ミン》 Dong Zhiming ―中国科学院古脊椎動物古人類研究所教授―

「恐竜の王」ティラノサウルスは俊敏に動けたとの説があるが、恐竜も人間も「王」となる存在には優れた身体能力をもつものが多い。恐竜大国といわれる中国で「竜王」と呼ばれている恐竜学者・董《ドン》枝《チ》明《ミン》も、例外ではない。

「子どもの頃は勉強よりも、身体を動かして遊ぶことが好きでした」という董教授。大学へ進学しても、それは変わらなかった。「大学で学んだのは原生動物。研究室に座り込んでいるのは性に合わないので、主に野外調査を行っていました」

　同時に、陸上競技にも熱中。１１０ｍハードル走では国内新記録まで打ち立てた。大学卒業後は、中国科学院へ。

「魚類、両生類などの研究所がありましたが、私は恐竜を選びました。恐竜は大きいから、研究でも肉体労働が多い。そこが面白いと思ったんです」

　以来、半世紀近く恐竜を追い続ける。

「私の生涯で自慢できることは、ふたつあります。ひとつは〝自貢《じこう》〟。もうひとつは〝国境を超えた合同調査〟です」

　自貢とは、１９７９年の四川省自貢市での発掘のこと。工事中に恐竜化石が出たとの情報を得た彼は単身、現場に乗り込み、工事に待ったをかけた。「１００体以上の化石を発掘しました。これは現場を保存したほうがいいと思い、博物館構想を練ったのです」

　そうして作られたのが、世界3大恐竜博物館のひとつに数えられる自貢恐竜博物館だ。

もうひとつの自慢である国境を超えた合同調査は、カナダをはじめ多くの国と積極的に行った。中国、モンゴル、日本の3カ国による、ゴビ砂漠での合同調査は有名だ。

「恐竜研究は国のものではなく、地球のもの。なぜなら古代には国境がなく、恐竜たちは自由に行き来していたからです。恐竜研究はひとつの文化だと思います。恐竜の生活や発展、絶滅を研究することは、今の人類のために意義があるのではないでしょうか」

恐竜は平和の大使なんです、と笑う。竜王もまた然り、だ。

（泊 貴洋）

1937年、中国山東省生まれ。復旦大学を卒業後、中国科学院古脊椎動物古人類研究所(IVPP)へ。以後、世界各地で恐竜の化石に関する調査を精力的に行っている。『大恐竜時代』『よみがえる恐竜王朝』など、著書・共著も多数。

モンゴルで発掘作業中の董教授。

U.K.

空想世界を、鮮やかな想像力で描く。

ドゥーガル・ディクソン

Dougal Dixon ―サイエンスライター―

太古の恐竜に思いを馳せる時、同時にその絶滅、さらには人類がいなくなった後の地球の姿までも想像するという人は多いのではないだろうか。ロンドンから電車で約3時間、イングランド南西部ドーセットの小さな街に住むドゥーガル・ディクソンは、誰もが一度は空想する世界を我々に見せてくれる超一流のサイエンスライターだ。

彼を一躍、有名にした書籍『アフターマン』（1980年）は、人類滅亡後の地球に暮らす生物を、科学的見地から描いた傑作。想像上の生物とは思えないほど細部にわたる描写は、発表から30年近くたった今も色褪せない。その後も『マン・アフターマン』（1990年）、『フューチャー・イズ・ワイルド』（2003年）などでその世界観のファンを着実に増やしていった。

「アメリカや日本を訪れるとスター扱いだけれど、ここではパブに出没する、スコットランド訛りのおじさんさ」と笑う、いたって気さくなディクソン。セント・アンドリュース大学で地質学を専攻し、大学院の修士課程を修了後、古生物の知識を買われロンドンの事典出版社へ就職した。その後、転職した出版社がドーセット地方に移転したのを機に居を移し、フリーライターとして活動。子ども向けの本から事典まで、恐竜関係の著作を幅広く手がける。

「5歳くらいの頃、コミックで初めて恐竜を見た。父にそれを見せると、本棚から古い生

ドゥーガル・ディクソン。手作りの恐竜模型も驚くほどのクオリティの高さだ。手にしている赤い顔の模型には、これから羽毛をつける予定。

物史の本を取り出し、化石というものについて説明してくれた。以来ずっと、恐竜の虜《とりこ》さ。手がけてきた恐竜の書籍は、僕が執筆する上で参考にさせてもらった論文を発表している学者や専門家たちからも、大きな評価を得ている。そのことが、作家活動をする上で励みになっているよ」

ディクソンの恐竜への想いは、生物が遠い未来にどのような進化を遂げていくのかという疑問へと発展し、『アフターマン』が生まれた。単なる空想の産物ではなく、専門家をも唸らせる緻密な予測の上に成り立つ豊かな世界観が、彼の著作の最大の魅力である。

取材で訪れた彼の自宅の棚には、見たこともない、けれど完成度の高い、謎の生物模型が並べられていた。これはもしや、架空の生物群「ドゥーガロイド」では!?

「その名前は誰がつけたの？　初めて耳にしたけど最高のネーミングだね！」

最新作『グリーン・ワールド』に登場する

案内してくれた「ジュラシック・コースト・ワールド・ヘリテージ・センター」の展望台で、解説に興じるディクソン。

テレビシリーズ化され、一大ブームを巻き起こした『フューチャー・イズ・ワイルド』（邦訳・ダイヤモンド社）

「ジュラシック～」は、約1億5000万年前に洪水に見舞われた際、失われた樹木の跡が化石となった、珍しい場所だ。

子ども向けの『If DINOSAURS were ALIVE TODAY』（ticktock Media Ltd）は、飛び出してきそうなCGが魅力。

生物の模型らしい。ディクソン初のサイエンスノベルとなる、ファンタジックな大作だ。また新たな〝ドゥーガロイド・マニア〟が増えることだろう。

さまざまな恐竜を1種類ずつ解説するシリーズ（Picture Window Books）。スピノサウルスなど人気の恐竜が登場。

©PRACTICAL PICTURES

355種類もの恐竜を、地質学の見解も交えて詳細なイラストとともに網羅した『THE ILLUSTRATED ENCYCLOPEDIA OF DINOSAURS』(Lorenz Books)。右は、オビラプトルが子に餌を与える様子。

THE ILLUSTRATED ENCYCLOPEDIA OF
DINOSAURS
• The ultimate reference to 600 dinosaurs from the Triassic, Jurassic and Cretaceous eras with more than 900 illustrations
• A complete guide to the world of dinosaurs, including many lesser-known species
• With informative descriptions, technical watercolour illustrations, anatomical artworks, depictions of dinosaur habitats, and maps of fossil sites
• Features a graphic account of the evolution of the earth's geology and the development of life on earth
DOUGAL DIXON

©PRACTICAL PICTURES

U.S.A.

誰もが息を呑んだ、あの映画の制作秘話。

フィル・ティペット&マイケル・ターシック

Phil Tippett & Michael Trcic ─ジュラシック・パーク・プロジェクト特撮監督&造形作家─

ハリウッドを代表する特撮技術の専門家、フィル・ティペット。『ジュラシック・パーク』だけでなく、『ロボコップ』『スターシップ・トゥルーパーズ2』など、話題作を世に送り出した。

ティペットはこの映画でアカデミー賞特殊視覚効果賞を受賞。出世作の『スター・ウォーズ ジェダイの復讐』以来、2度目のオスカーを獲得した。

1993年に公開された映画『ジュラシック・パーク』は、恐竜ファンにとって驚くべき内容だった。まるで〝本物〟のように恐竜が動き回っていたからだ。スティーブン・スピルバーグ監督だけでなく、本作では多くのスペシャリストが持てる技術を尽くして現代に恐竜を甦らせようと試みた。視覚効果でアカデミー賞を得た、特撮監督のフィル・ティペットもそのひとりだ。

模型をコンピュータ制御で動かす技術が専門のティペットは、『スター・ウォーズ』の特撮でも有名な人物。その腕を見込まれて『ジュラシック・パーク』に招かれたのだが、ここでちょっとした事件が起こる。ジョージ・ルー

ターシックの現在のスタジオは、アリゾナ州の秘境と呼ばれるセドナにある。恐竜の細部をリアルに再現するために、極小の筆が揃えられている。

『ターミネーター2』などの制作にも携わった造形作家のマイケル・ターシック。当時はスタン・ウィストン特殊効果スタジオに所属し、ティラノサウルスの模型制作を担当した。

カスの視覚効果会社が試作したＣＧの恐竜を見て、感動したスピルバーグが「全編これで行く」と言い出したのだ。

ティペットは、自分の技術が時代遅れになったことを嘆き、「もう失業だ」と漏らしたという。だが、ＣＧは動きこそ滑らかだが、竜脚類が巨体を揺らすような、恐竜の「重み」を表現するには不向き。そこで彼は心機一転、模型をＣＧに取り込んで重量感のある動きを実現させる新たなソフトウェアを開発し、恐竜の〝振付師〟となった。

「スピルバーグはモンスターではなく、実物そのままの恐竜を望んでいた」と語るティペットは、恐竜のありとあらゆる動きを、古生物学的見地を取り入れてテスト。「恐竜の聖書」と呼ばれるガイドラインを作り上げた。

これに基づき制作を行ったのが、多くの造形作家たち。なかでもマイケル・ターシックは、物語の核となるティラノサウルスを制作したキーマンだ。

「子どもの頃から恐竜が大好きで、制作依頼が来た時は、天にも昇るような気持ち。自分が作ったティラノサウルスが動いている映像を見た時には、言葉を失うほどの感動を覚えました」

©1998 Michael Trcic

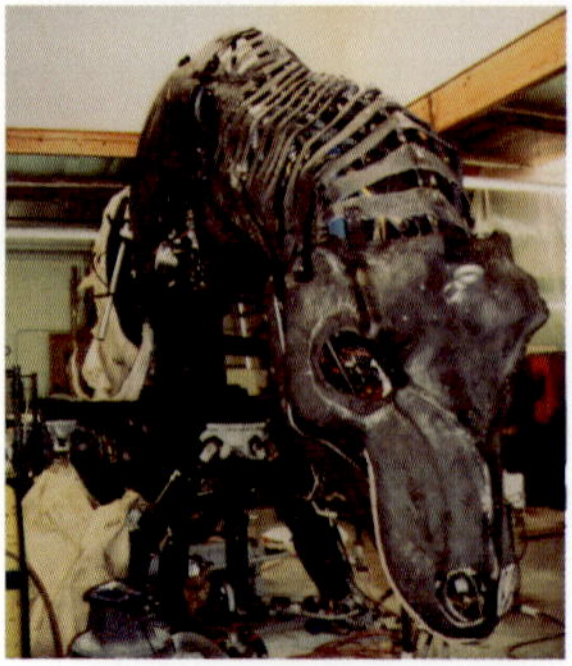

実寸大のティラノサウルスの骨組み。動きはすべて、コンピュータで制御されている。

アルミの枠で骨組みを作りガラス繊維の布を巻きつけた上で、粘土で肉付けを施す。

©1998 Michael Trcic

スタッフと共同で実寸大のティラノサウルスを制作したが、その苦労は並大抵ではなかったという。

「大変だったのは〝ハリウッド的な恐竜〟から抜け出すこと。皆、恐竜＝ゴジラといった感覚しかもっておらず、観客をいかに怖がらせるかということしか頭にないのです」

ターシックは奮起して、来る日も来る日も恐竜のスケッチに明け暮れ、スタッフを説得。ティラノサウルスの歯の1本1本に至るまでを詳細に再現し、とことんリアリティを追求した。

その出来栄えを「まだまだ納得していない」と語るターシック。確かに、恐竜の姿勢や動きなど、最新の恐竜学的見地からすれば過剰な演出が目についた部分もある。しかし、あの躍動的な恐竜の姿は今もなお、我々の脳裏に焼きついて離れない。

マイケル・ターシックが制作したティラノサウルスの頭部。歯の1本1本まで忠実に再現するために、毎日のようにサンプルを作り続けた。

©1998 Michael Trcic

Japan

飽くなき探究心が、リアルな質感を生む。

荒木一成

Kazunari Araki —恐竜模型造形師—

幼い頃から怪獣が好きで、図鑑などを参考に恐竜の模型を夢中で作っていたという、荒木一成さん。少年の頃に出合った1冊の本が、彼の人生に大いなる影響を与えた。

「恐竜温血説を打ち出した本『大恐竜時代』は、自分にとってものすごく衝撃的でした。それまでの鈍重なイメージではなく、哺乳類と同じくらい活発に動いていたことを知ってから、いちだんと恐竜が好きになったんです」

それからはさらに、生き物としてリアルな恐竜模型を追求していく。地元・大阪の博物館だけでは満足できず、東京の科学博物館まで骨格標本の写真を撮りに行き、より専門性の高い資料を探し回った。素材も木材からブロンズ粘土へと進化。ざらついた皮膚の質感を出すため、紙ナプキンの凹凸を利用するなど工夫を凝らすようになった。

「かっこいい恐竜を作りたいと、いつも考えています。キリンにしろライオンにしろ、生き物としてのスタイルがすごくかっこいいじゃないですか。それに、かっこいいと思われるような出来栄えじゃないと、太古に生きていたイメージが伝わらないと思うのです」

基本的な制作手順は、まず資料集めから。標本もあらゆる角度から撮影する。それから、スケッチを開始。大まかなポーズが決まると、針金や発泡スチロールを組み合わせて芯を作り、粘土を付ける。へらでディテールを作り込み、最後に彩色。大きさにもよるが3週間から1カ月ほどで完成だ。

1961年大阪府生まれ。83年、大阪市内の鍼灸院に勤務しながら『月刊ホビージャパン』誌に記事を書いたのを機に作品発表の場を得、以後、博物館の復元模型制作や図鑑への作品協力など恐竜模型に関する仕事に従事。

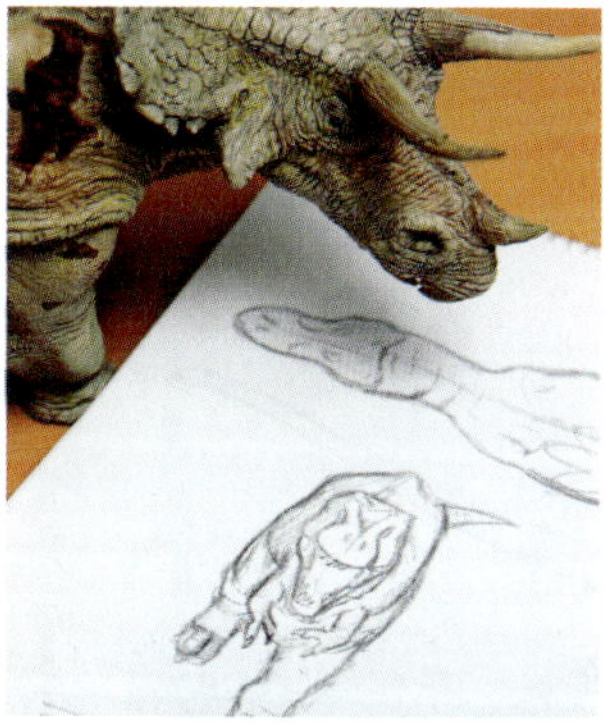

上：さまざまな角度から描いたスケッチ画は模型制作の原点。右：『恐竜模型　恐竜学ノート』（今人舎）は模型作りのハウツーを解説した本。

「足がこう動くのならここにはこんなしわが寄るだろうとか、自分なりの想像は付け加えます。鍼灸師だった頃に勉強した解剖学も役立っているし、仕事でお相手したお年寄りのしわをよく観察していたので、それも表現に役立っていますね（笑）」と語る様子からは、尽きることのない探究心がうかがえる。

そう話す荒木さんの顔には、『大恐竜時代』に衝撃を受けた少年の面影が、まだ残っていた。

（辻本亮典）

モンゴルで発掘されたサイカニアは、鎧状の骨格をもった鎧竜の仲間。

U.S.A.

ジョン・ランツエンドルフ John Lanzendorf ―ヘアドレッサー、博愛家―

恐竜アート賞を設立した、ある男の情熱。

「子どもの頃、ナビスコのシリアルに付いていた恐竜のおまけに魅せられて以来、恐竜が大好きになったんだ」と話すジョン・ランツェンドルフ。彼の職業は、ヘアドレッサーだ。古生物に関わる学者でもなければ、アーティストでもない。そんな彼がなぜ、恐竜アーティストを評価するアワードの発起人となったのだろうか。

もともと古生物学者になるのが夢だったというランツェンドルフは、幼少の頃から恐竜グッズや本など恐竜に関するものをコレクションし続け、40代になってから本格的に恐竜アートを収集し始めた。いつしか１０００点以上の作品を所有するようになり、世界各国の恐竜アーティストから、自分の作品をコレクションに加えてほしいと言われるまでになったという。

「恐竜アートを通じてさまざまな人々と出会い、交友を深めることができた。友人の１人で古生物学者のフィリップ・カーリーが『学者とは違ったアプローチで古生物界に貢献しているんだから、君も立派な古生物学者だ』と言ってくれたのはうれしかったよ」

そんななか、シカゴ大学のポール・セレノ博士の研究に参加する機会を得た彼は、博士との交流のなかで、恐竜アートのアワード設立を思い立つ。

「科学者が恐竜を発見しても、それを絵や形で表現しなければ、私たちはその恐竜をイメージすることができない。恐竜アーティスト

1946年ウィスコンシン州生まれ。幼少の頃より恐竜グッズや本など恐竜に関するものを収集。99年「ランツェンドルフ古生物アート賞」設立。2000年、自身の古生物アートのコレクションをまとめた本を出版。01年には、恐竜コレクションを地元のインディアナポリス子供博物館に売却した。犬1匹、猫2匹と同居する博愛家。

にも、しかるべき評価を授与せねばと思った」

そこで彼はまず、古脊椎動物学会にコンタクトを取った。学者、研究者、学生、アーティストを中心に約２２００名の会員から成る学会で、科学の社会的貢献や普及を目的に、化石発掘地の保護活動などに取り組んでいる。「科学をわかりやすく説くために、アートは重要な役割を果たしている」というランツェンドルフの考えは学会で賛同を得、賞の設立に至ることになる。

こうして99年に設立された「ランツェンドルフ古生物アート賞」。受賞者の選定は、委員長であるハーバード大学のファリッシュ・ジェンキンス教授を中心に、シカゴ大学、オハイオ大学、ナショナル・ジオグラフィック協会などに属する６人が行っている。

当初は、専門書などの解説素材として使われるイラストに授与する「科学イラストレーション部門」、同じイラストでもアート寄りの作品を対象とした「２次元アート部門」、彫刻などの立体物を対象とした「３次元アート部門」の３部門だったが、その後、アニメーションを含む３Ｄデジタル作品を対象とした「ナショナル・ジオグラフィック・デジタル・モデリング&アニメーション賞」が加わった。

こうして１人のヘアドレッサーの情熱は、種々の恐竜アーティストたちが栄冠を求めて応募するユニークなアワードとなったのだ。

独創的な世界観で魅せる、恐竜アーティストたち。

America

テス・キッシンジャー

Tess Kissinger

●1949年ペンシルベニア州生まれ。カーネギー・メロン大学を卒業後、自然史関連のイラストを専門に活動。博物館や本、テレビ、映画に作品を提供する。

芸術と科学とを融合させた、アートの世界。

©Tess Kissinger

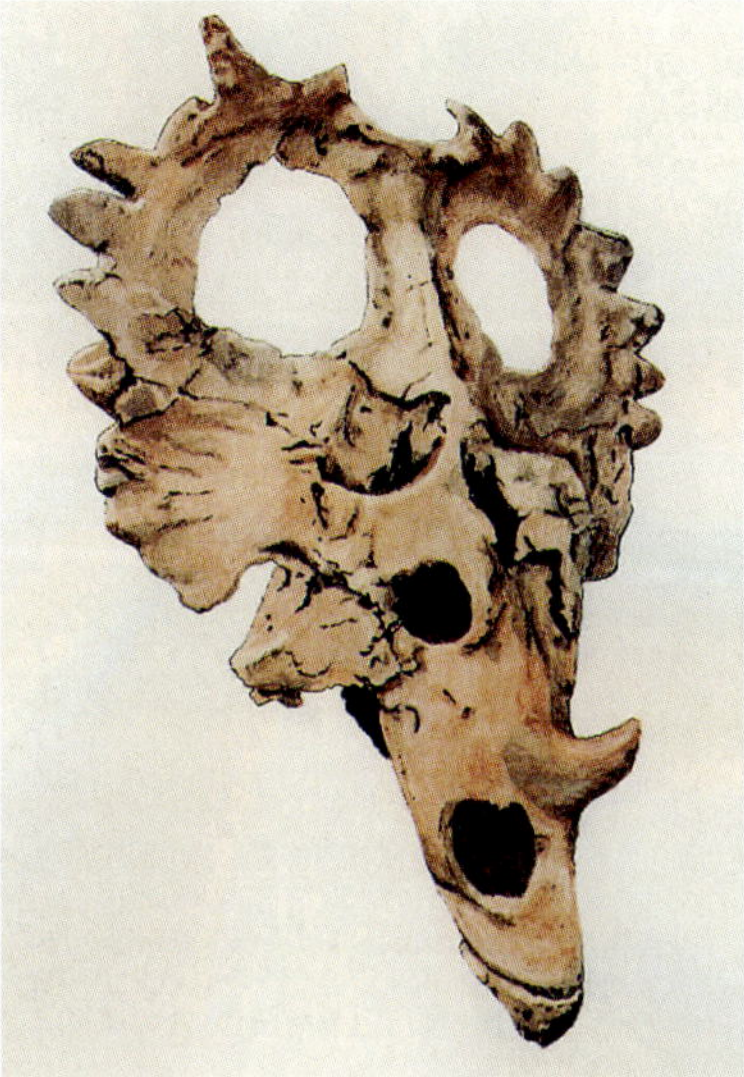

©Tess Kissinger

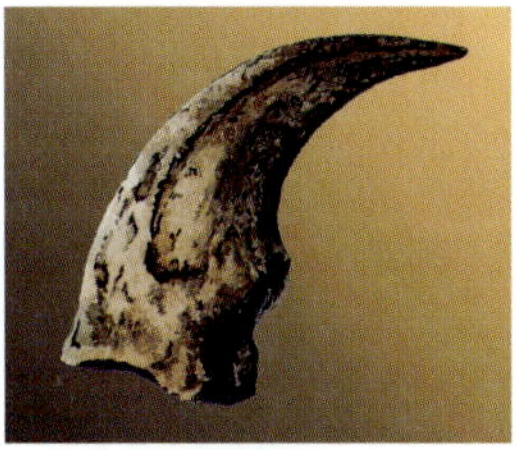

©Tess Kissinger

左上から時計回りに：セントロサウルスの頭骨を描いた『Centro skull』。アルバートサウルスの頭骨を描いた『Albertosaurus skull』。アルバートサウルスの爪がモチーフの『Albertosaurus clan』。

「大学の専攻はファインアート。でも科学には常に興味があり、芸術と科学が融合したものに魅力を感じました」。そう語るテス・キッシンジャーが恐竜の絵を描き始めたのは1980年。夫でスタジオの共同経営者でもあるボブ・ウォルターズと出会ってからだ。「ちょうど彼が恐竜の本を手がけていたときに出会い、多くの古生物学者とも出会うようになりました。恐竜研究の世界はとても活気があり、私も虜《とりこ》になったんです」

今や、世界の博物館に彼女の作品が並ぶ。「毎月のように新しい化石が発見され、科学によって恐竜の世界が解明されています。私はまさに、この科学の先端にいると自負しています」。かつて夢見た「芸術と科学が融合した」場所に立って、彼女は作品を生み続けている。

（泊 貴洋）

America

トッド・マーシャル

Todd Marshall

●1967年ミズーリ州生まれ。アートセンター・カレッジ卒。出版物からロックアルバムのジャケット、映画やゲームのキャラクターデザインまで手がける。

ロックなキャラクターと、温かな人柄で大人気の絵師。

©Todd Marshall

©Todd Marshall

©Todd Marshall

左：ティラノサウルスの母子を描いた『女王と羽の生えた王子』は個人コレクターの依頼に応じたもの。右上：『Rajasaurus』。この恐竜に関する、初のイラスト化作品。左上：『翼竜 Phobetor』。デビッド・アーウィン博士との共著『太古の翼竜』のために描いた。

「僕は自分の名前が書けるようになる前に、アパトサウルスが描けたんだよ」と言うトッド・マーシャル。早くから絵の才能を見せたが、すぐに恐竜画家になったわけではない。ロックスターを目指してロサンゼルスへ移住し、ひょんなことからモトリー・クルーなどのアルバムジャケットに絵を描くようになった。本格的に学んだのはその後のこと。アメコミの影響も見えるその作風の核にあるのは、温かな視点だ。

たとえば、左上の作品。「ティラノサウルスの母親と、産毛の残る子どもを描くことで、巨大で凶暴だと思われている恐竜のソフトな一面を表現しようとしたんだ」と話す。

こんな人柄からか、名だたる恐竜研究者からの依頼が引きも切らない。「ポール・セレノ博士が発見した新しい恐竜を描いたりもするけど、この種の仕事が僕の誇りだね。誰も見たことがない新しい恐竜を描くのが大好きさ！」

（泊 貴洋）

America

ブルース・モーン

Bruce Mohn

●1963年ペンシルベニア州生まれ。ストックトン州立大学を卒業後、恐竜や絶滅した生物を彫刻し始める。96年には骨格再生にも着手、高い評価を得た。

化石の扱いも習得した、世界有数の彫刻アーティスト

©Bruce Mohn

©Bruce Mohn

生前の姿を生き生きと復元、精巧さに驚かされる。上：始祖鳥の彫刻『Archaeopteryx』。左：『Tuojiangosaurus』。トゥオジャンゴサウルスの彫刻。いまにも動き出しそうにリアル。

「2歳で彫刻を始め、3歳の時には森や草むらで骨や石、動物や植物を収集していました。部屋の中は本や骨、爬虫類や両生類の入ったガラスケースでいっぱい。そんな子ども時代が、今の仕事に役立っていると思います」

そう話すのはブルース・モーン。大学でファインアートと解剖学、比較解剖学と古生物学を学び、インターンを過ごしたスミソニアン博物館では、化石の扱いまで習得した。

「化石に残された恐竜の骨。そこにどのように筋肉がついて身体を組織し、動いていたか。私はそれを検証して再現することができる、世界でも数少ないアーティストだと思っています。96年にコンプソグナトゥスの骨格を作ってからは骨格再生も始めました。おかげで評判もよく、今では世界中の博物館や大学に展示されています」

復元模型をアートの域まで高めようとしているのが、ブルース・モーンだ。

（泊 貴洋）

Japan

小田 隆

Takashi Oda

●1969年三重県生まれ。95年、東京藝術大学美術研究科修士課程修了。96年より恐竜など古生物の「復元画」に着手。オリジナリティに富んだ作品を生み出している。

研究者とのやり取りから、アートな復元画が生まれる。

©Takashi Oda

©Takashi Oda

©Takashi Oda

上：豊橋自然史博物館に納めた『North American dinosaurs of the Late Cretaceous』。白亜紀後期の北米を描いた。右下：『追跡』。ジュラ紀の中国の恐竜たち。左下：『竜脚類の遺体を貪るアロサウルスの群れ』は平山廉著『最新恐竜学』（平凡社新書）の挿絵。

小田隆は、恐竜や古生物を描いた自らの作品を「復元画」と表現する。東京藝大で油絵や壁画を学び、恐竜の復元画に興味をもったのは96年のこと。「大学を出て仕事もなく迷っていた時、たまたま恐竜の化石を組み立てるアルバイトに誘われて。そこで復元画の仕事があることを知りました」

以後、博物館のグラフィック展示や図鑑向けの復元画を手がけてきた。

「恐竜などの古生物を描く場合、元になるのは化石です。そこでまずは骨学、筋学などの解剖学的知識が必要になります。復元とはデータの積み重ねであって、想像の入る余地をぎりぎりまで減らしていくことが重要です。また、研究者の科学的成果を利用して制作されるものなので、研究者との密なやり取りも重要。決して、妄想や願望で描いてはいけないのです」

目指すのは「科学的に正確かつ、美しいもの」。小田流〝復元アート〟の進化に期待したい。

（泊 貴洋）

America

ダグラス・ヘンダーソン

Douglas Henderson

●1949年ノースカロライナ州生まれ。70年代後半から独学で描き始め、やがて古生物をテーマに。古生物学関連書籍の挿絵や博物館の展示作品などを手がける。

モンタナの大自然に触発され、“恐竜のいる風景”を描く。

©Douglas Henderson

©Douglas Henderson

©Douglas Henderson

風景と恐竜とが共存する世界観が魅力。左上から時計回りに：リトグラフの『警戒して動き出すTレックスとトリケラトプス』。パステルで描いた『2匹のプレシオサウルス』。パステル画『Afrovenator』。

「アーティストになる前は、ケンタッキーで看護師として働いていました」。いっぽう変わった経歴をもつダグラス・ヘンダーソン。彼が絵を志したのは、20代後半だ。

「77年に看護師の仕事を辞めて旅に出ました。カナダのマウント・ロブソン州立公園からイエローストーン国立公園まで歩いたのです。そうしてたどり着いたモンタナに住み着いて今に至るのですが、独学で絵を学ぼうと決心したのはこの地に来てからでした」

引き金になったのは、イエローストーンの風景。手つかずの自然が残り、バッファローや狼が棲息。世界遺産にも登録されている。

「自然への畏怖で描き始めたのだと思いますが、そのうちに、子どもの頃に抱いた恐竜への興味が弾けました。古生物学者からの依頼で描くうち、恐竜画家になっていました」

自然と恐竜。ふたつのモチーフの重なりが、リアルな「恐竜のいる風景」を生み出している。

（泊 貴洋）

America

ウィリアム・スタウト
William Stout

●1949年ユタ州生まれ。カリフォルニア芸術大学卒業。60年代後半から『プレイボーイ』などの雑誌やコミック、映画ポスターなどで活躍。www.williamstout.com

ストーリーを描く作風は、『ジュラシック・パーク』の原点。

©William Stout

©William Stout

©William Stout

左上から時計回りに：製作を試みていた恐竜番組のために描いた『太古のレックス』。ビデオのジャケット用に描いた『丘の上の支配者／アルバートサウルス』。三畳紀の南極を描いたシリーズの1枚。「当時の南極は暖かく、ジャングルと湿地帯に覆われていたのです」

ウィリアム・スタウトは、アメリカが生んだ天才の1人と言っていいだろう。17歳で大学に入学。10代にして雑誌の表紙を手がけた。

「3歳の時に両親と観た『キングコング』に衝撃を受け、その直後、テレビでディズニー映画『ファンタジア』の『The Rite of Spring（春の祭典）』を観たんです。それ以来、恐竜の虜になってしまった！」

映画の仕事を多く手がけたこともあってか、彼の絵も実に映画的だ。

「私は単に恐竜の姿を描くだけではなく、恐竜のストーリーを描くことで、見る人の感情のひだに触れるものにしたいと思っています。自分が恐竜に対して感じるのと同様の驚きを、絵を見た人にも体験してほしい」

マイケル・クライトンは、ある小説を書いた際、スタウトの作品から影響を受けたと公言している。それが『ジュラシック・パーク』。原点は、なんとスタウトの恐竜画だったのである。

（泊 貴洋）

Japan

菊谷詩子

Utako Kikutani

●幼少期を東アフリカで過ごし野生動物に興味を抱く。東京大学で動物学の修士号取得後、米大学でサイエンスイラストレーション専攻。ボローニャ国際絵本原画展入選。

科学の素養を持つ、サイエンスイラストレーター

©Utako Kikutani

©Utako Kikutani

右上：眠った状態で発見された『メイ・ロン』復元画。右下：『アロサウルス』全身骨格。図鑑や博物館のために依頼されて描くことが多い。左上は、珍しく依頼なしで描いたという『トリケラトプス』(油彩画)。

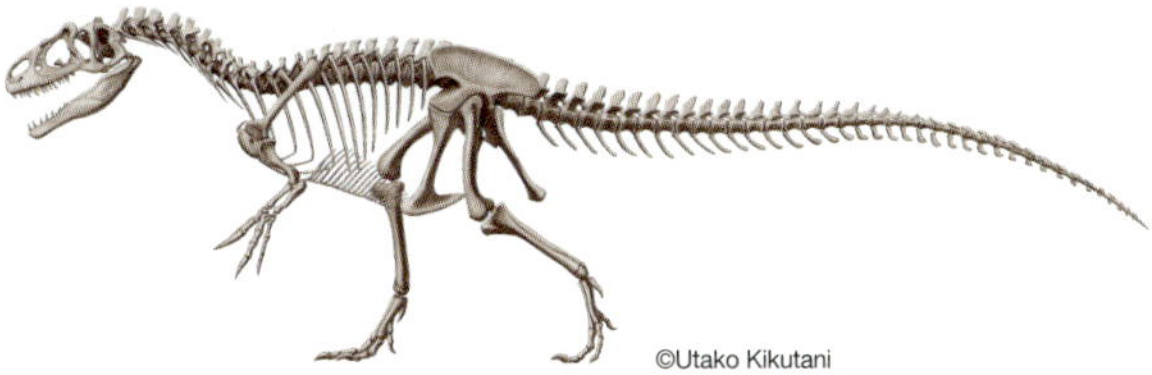

©Utako Kikutani

動物学の修士号を持ち、アメリカのカリフォルニア大学サンタクルーズ校でサイエンスイラストレーションを学んだ菊谷詩子。学術論文も読んで描き上げるそのイラストは、恐竜研究者たちから高く評価されている。だが本人は、「日本に帰ってくるまで恐竜を描こうと思ったことはなかった」と言う。

「科学をかじった端くれなので、わからないところを間違っているかもしれないと思いながら描くのがつらいですね。復元画の重要な役割のひとつは科学的な研究成果を複合し、視覚化することだと考えていますが、恐竜は生きている姿を見ることができないので、補わなくてはいけない部分も多いのです」

そんな悩みを吐露するのは、哺乳類から昆虫まで、現存するさまざまな生物の絵も手がける描き手だからこそ。でももちろん、恐竜には恐竜ならではの楽しみもある。「生物の進化には興味がありますし、骨を見ていろいろ考えるのは面白いですね」

誰もが気になる、素朴な疑問にお答えします。Ⅳ

Q. 恐竜は何を食べていた？

A.　恐竜の胃から小動物の顎やトカゲが丸ごと見つかるなど、餌の内容がわかる化石もある。またティラノサウルスのものらしき糞から骨や筋肉繊維の痕を見つけた研究もあるが、この糞は大きさと時代からティラノサウルスのものと推定しているだけで根拠はやや薄い。

このように獣脚類といえば肉食のイメージだが、最近では植物食に進化した例も見つかっている。オルニトミムス類から砂嚢（さのう）に入っていたと考えられる胃石が発見されたのがいい例だ。またオルニトミムス類の発達した嘴（くちばし）は、水の中で藻類を濾（こ）しとって食べるために使われていたようだ。テリジノサウルス類では、やはり植物食の特徴とされる小鈍鋸歯（しょうどんきょし）と呼ばれる大きなギザギザが歯のふちに見られるし、牛のように腹の中で食物を発酵させていたことも推測されている。ハドロサウルス類のような鳥盤類には肉食の種類はいなかった。一般的に肉食から植物食に進化する例はあっても逆はあまり見られないという。

Q. 恐竜はどんな環境に暮らしていた？

A.　超大陸「パンゲア」の内陸には砂漠もあったが、三畳紀からジュラ紀の地球は全般的に温暖な気候で、木生シダ（茎が木化する大型のシダ植物）や裸子植物のソテツの森が広がっていたと考えられている。白亜紀に入ると植生に変化が現れ、花びらを持ち、昆虫が花粉を運んで受精する被子植物が繁栄した。白亜紀は暖かい時期と寒い時期が繰り返す変わりやすい気候だったとされている。

今日多くの動物の食料として重要な植物といえば被子植物のなかでもイネ科であるが、これまでイネ科は白亜紀にはまだ存在すらしていなかったと考えられていた。しかし最近、インド・デカン高原の白亜紀後期の地層から見つかった糞化石から、この時代にすでにイネ科が多様化し広がり始めていたことがわかった。白亜紀には草原があったらしいことも「見えて」きた。

世界の恐竜博物館
めぐりへ、出発だ！

Japan

福井県立恐竜博物館

恐竜と距離を作らない、大胆な展示。

Fukui Prefectural Dinosaur Museum

福井県勝山市の山あいに、突如、現れる巨大な建築物。まるで銀の卵のようなそれが、福井県立恐竜博物館だ。

「〝恐竜に関するすべて〟を目指しています」と言うのは、特別館長の東《あずま》洋一さん。国内外の発掘プロジェクトにも関わる、恐竜研究の第一人者である。

「４５００㎡の空間に、骨格が約40体。複製ではない実物が、そのうち6体あります。カナダのロイヤル・ティレル博物館とほぼ同じ規模です」

　世界最大級の恐竜博物館が、なぜ福井に建造されたのか。それはこの地が、日本有数の恐竜化石の産地だからだ。

「１９８９年から断続的に発掘調査を行っています。その成果をもとに２０００年に作ったのが、この博物館です」

　ここではフクイラプトルやフクイサウルスといった福井の恐竜をはじめ、アジアの恐竜を数多く収集。学術的に貴重なそれらを楽しんで見てもらえるよう、展示にはさまざまな工夫がなされる。

「骨格が並ぶフロアに、ガラスなど遮るものがないでしょう? ジオラマも、一般的には外から眺めるものですが、ここでは中を歩いて恐竜の世界を体験することができます。〝恐竜と距離を作らない〟が哲学です」

　壁面に作られた螺旋状のスロープも、工夫のひとつ。

「恐竜は大きいので、普通は下から見上げる形

●福井県勝山市村岡町寺尾51-11（かつやま恐竜の森内）
☎0779・88・0001 ㊑9時～17時（入館は16時30分まで）
㊡第2・第4水曜、12/29～1/2（その他臨時休館あり、詳細は確認を）
㊮一般￥500、高・大学生￥400、小・中学生￥250

「子どもの頃から化石少年でした」と笑う東さん。理学博士として勝山など北陸に分布する地層「手取層群」や中国の恐竜化石の研究も行う。

になる。でも上から見下ろすことで、恐竜がより〝動物〟として見えてくると思うんです」

見るだけでなく、触れることができるのも本館の特徴だ。「ダイノラボ」という空間にはティラノサウルスの本物の大腿骨が吊り下げられ、じかに触れることができる。何億年も前の生物が、グッと身近に感じられるはずだ。また骨や化石だけでなく、恐竜アートや、129ページで紹介するココロが手がけた精巧なロボット恐竜も楽しめる。

「今はまだ難しいですが、もう少しロボット技術が進歩すれば、歩く恐竜もできるかもしれない。たまにここを恐竜が走ってたら面白いですよね？」

歩く恐竜の出現によって、〝銀の卵〟が震動する日もそう遠くないかもしれない。日本が誇る恐竜博物館のさらなる進化に期待したい。


（泊 貴洋）

ダイノラボでは、ティラノサウルスの骨やマンモスの牙などに直接、触れて楽しめる。

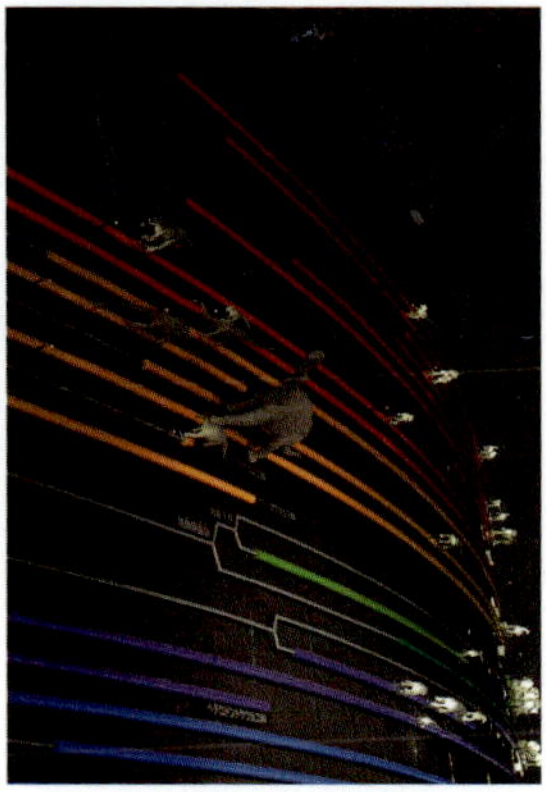

壁面に作られた系統図。模型が付けられていて、恐竜の関係性や進化の過程を一望できる。

斬新な建物は、建築家・黒川紀章によるもの。入るとすぐに長いエスカレーターで地底へ。

骨格や化石、標本、復元模型などがところ狭しと並ぶ広大な無柱空間では、壁面のスロープからそれらを見下ろせる。「恐竜を通して古生物や地球の歴史に関心をもってもらえれば」と東さん。

Japan

国立科学博物館
研究者の視点を、共有できる場所へ。
National Museum of Nature and Science

東京都内で世界レベルの恐竜化石に出会える場所と言えば、日本屈指の総合科学博物館である国立科学博物館（科博）だ。年間約170万人もが訪れる科博のうち、地球館地下1階には17点の全身骨格を含む100点以上の恐竜化石がある。修学旅行の定番だが子どもだけに独占させるのはもったいない。

高さ7m80㎝、491㎡のホールに足を踏み入れると、まず目に付くのがティラノサウルスとアパトサウルス。そして彼らと向かい合うのがヒパクロサウルス（ハドロサウルス類）だ。科博の展示はどれも、解説が最小限。せっかく目の前に標本があるのだから、絵画同様にその美しさをじっくり眺めてほしいという研究者の思いが込められている。恐竜展示を指揮する科博の真鍋真博士は言う。

●東京都台東区上野公園7-20
☎03・5777・8600（ハローダイヤル）
㊒9時〜17時（入館は16時30分まで）
㊡月、12/28〜1/1
㊔一般￥600、高校生以下 無料

展示室の奥にあるCTスキャン室。CTスキャンで取り込んだ映像が頭上のディスプレイに表示される。

左のティラノサウルスの目線の先にはトリケラトプス(下写真)が。同じ白亜紀最末期に北アメリカにいた恐竜だ。右は科博最大の恐竜化石であるアパトサウルス。

奥が剣竜のステゴサウルス。尾のスパイクは敵を追い払うために使われた。手前は鎧竜のエウオプロケファルス。それぞれ繁栄した時代は異なるが、胴体の周りに板状の骨を発達させたという共通点がある。

世界最良のトリケラトプス標本“レイモンド”。この姿勢で地層に埋まっている。地表に出ていた左半身が風雨などで浸食されたところで運良く人間と出会い、発掘された。

「ここではプロの研究者が面白いと思うものを一般の人にも共有してもらえるようになっています。博物館というと素人向けの標本ばかりを並べて本当に良いものはしまいこんでいるのではないかと思われがちですが、一番良いものをお見せしているのです。その証拠に化石は研究にも用いられるため、休館日には取り外して近くで観察できるように配慮してあります。実際、これらの標本を研究して学位を取った人が何人もいるのです」

たとえば１９９８年にお目見えしたトリケラトプスは世界でも１、２例しかない全身骨格。もちろん実物だ。東京大学の藤原慎一さんはこの化石で角竜の足の関節について研究し、定説を覆す研究成果を発表して博士号を取得した(41ページ参照)。

解説の代わりに設置された「情報端末」をオンにすると、化石のデータなど必要な情報はもちろん、ガイドＶＴＲを見ることもできる。驚くのはこのＶＴＲに各国の超有名研究者が登場していること。ケンブリッジ大学のデイヴィッド・ノーマンがカモノハシリュウを、ロサンゼルス郡立自然史博物館のルイス・キアッペがヴェロキラプトルと羽毛恐竜を、そしてデイノニクスをイェール大学のジョン・オストロムが解説するなどなんとも贅沢だ。真鍋博士が学生時代に知己を得た尊敬する人々に、特別にお願いしたという。

「個人的に存じ上げている方ばかりなので引き受けてもらうのは苦労しなかったのですが、皆さんはプロの役者ではありません。ですから、カメラの前で台本通りに喋ってもらうことの方が大変でした(笑)。１００本以上のＶＴＲを作りましたが、これらを見てから展示を見たら恐竜が違って見えた！という経験をしてもらいたいと願っています」

展示室の一角にある研究室の奥にはＸ線を使って化石のＣＴ画像を解析する装置が置かれており、プロの研究を間近で見ることができる。さらに「ディスカバリートーク」など

地球館地下2階は40億年前に生まれた生命から人類へと進化した道をたどれる場所。天井からは巨大なクジラの化石(奥)とモササウルス類の化石(手前)。哺乳類と爬虫類とルーツは異なるのに、流線型の身体に進化していくと驚くほどよく似てくる。収斂進化の展示。

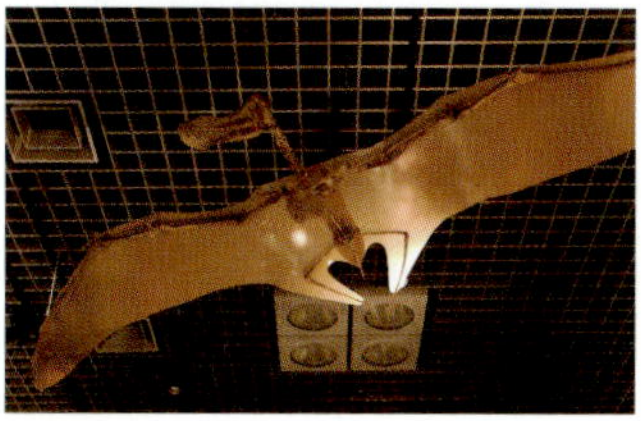

翼竜のアルハングエラ・ピスカトル。並んで現生鳥類のオウギワシ、哺乳類のインドオオコウモリも展示されている。

哺乳類の祖先にあたる単弓類のうち、盤竜目に分類されるディメトロドン。古生代には爬虫類よりも繁栄していた。

のイベントでは研究員自ら、最新の恐竜学の成果を披露してくれるというからうれしい。

研究者の「知る快感」を共有できる科博。足繁く通えば通うほど脳内が組み替えられていくようだ。

（石﨑貴比古）

地球館地下2階の魚類化石の展示ケース。このフロアでは他に三葉虫やアンモナイトなど図鑑同様の化石が人気だ。

●725 Central Park West at 79th Street, NY
☎212・769・5100
(開)10時～17時45分　(休)11月の第4木曜、12/25
(料)大人16ドル、2～12歳9ドル、高齢者・学生12ドル

U.S.A

アメリカ自然史博物館 The American Museum of Natural History

世界最大規模の標本や化石は、必見!

アメリカの子どもたちは恐竜が大好き。なにしろ、幼児向けの人気教育番組のホストが、「バーニー」という紫色の恐竜だったりするくらいだ。

キリスト教信者のなかには、恐竜は進化論を擁護するとして嫌う人々もいるが、学校教育の場では、子どもたちが科学に興味を持ちやすいからと、小学校の低学年で恐竜とその進化を教える学校が少なくない。ニューヨーク市内の保育園や幼稚園、小学校低学年の子どもたちの遠足の場に、アメリカ自然史博物館が選ばれることも多い。

この博物館は、「自然と人間を科学的な視点で考察する機関」として、１８６９年に設立された。建物自体は１９３０年代に完成し、４階建ての本館には３４００万点以上の動物や植物、鉱物の標本や模型を収蔵。大自然の中で棲息する動物の姿を再現したジオラマが有名だ。しかし、この博物館の最大のアトラクションは恐竜だと言っても過言ではない。

セントラル・パーク・ウェスト側の階段を上って、正面玄関から入ったセオドア・ルーズベルト・ホールで我々を出迎えてくれるのは、巨大な恐竜の骨格模型だ。バロサウルスの母親が凶暴なアロサウルスから我が子を守ろうと立ち向かう勇姿を再現したもので、これを見るだけでも、同館が恐竜の発掘研究にどれだけ寄与してきたかがうかがえる。

本館４階は、１フロアすべてが恐竜の展示スペース。１億点におよぶ恐竜の標本は世界

バーナム・ブラウンのティラノサウルスは、「竜盤類の恐竜」エリアに展示されている。天井に届かんばかりに頭を突き出すさまは迫力満点。

©C. Chesek/AMNH

最大規模を誇る。うち約６００点が常設され、その85%が本物の化石というのは世界の博物館のなかでもここだけ。現在の展示場は１９９２年から2年がかりで大改装され、同時に恐竜の模型の修復も行われた。

新装オープンした会場は、白い壁とガラスを使ったモダンなインテリア。「脊椎動物の起源」「竜盤類の恐竜」「鳥盤類の恐竜」「哺乳類の進化」という4つのエリアに分けられ、化石や模型の展示が古代ロマンの世界に誘う。そのほか、発掘調査の様子をビデオで見られたり、恐竜映画が観賞できるスペースも備わっている。

この博物館が恐竜で有名になった背景には、１８９７年から同館のキュレーターとして恐竜発掘調査に命をかけ、〝恐竜化石ハンター〟の異名を取ったバーナム・ブラウンの功績が大きい。彼の発掘で最も有名なのは、１９０２年にモンタナ州で発掘したティラノサウルスで、もちろん実物大の模型とともに、同館に展示されている。

その雄大で美しい姿は、なによりも印象深い。

（森 光世）

©S. Frances/AMNH

手前はトリケラトプス、左奥には大型の鳥脚類の一種であるハドロサウルスが2頭いる。

現存するいろいろな種類の動物以外に、マンモスやマストドンなど絶滅種も展示している。

©J. Beckett/D. Finnin/AMNH

脊椎動物の進化の過程がわかる「脊椎動物の起源」エリアには約２５０点の化石標本がある。

©S. Frances/AMNH

U.K.

ロンドン自然史博物館

The Natural History Museum

全長26mの、「ディッピー」が待っている。

ここに足を踏み入れたなら、「地球は何億年もの歳月を経て、絶えず変化しているのだ」と感嘆せずにはいられないだろう。７０００万点を上回るという生命科学・地球科学コレクションの展示物は、ダーウィンの乗船したビーグル号が収集した標本も含め、世界的に重要なコレクションが多数含まれている。もとは１８８１年に大英博物館の分室として作られ、１９６３年に大英博物館から独立、92年に「ロンドン自然史博物館」となった。美しくも荘厳な建物はロマネスク様式だ。

入り口はふたつ。クロムウェル・ロード側から入ると目に飛び込むのが、巨大なディプロドクスの骨格模型だ。博物館のスタッフの間では「ディッピー」と呼ばれ、身体のわりに足が小さいことから、水中に棲息し、長い首はシュノーケルの役目をしていたと推測されている。３体の骨格から作り上げられ、複製がパリ、ボローニャ、メキシコシティ、ベルリン、ウィーンに送られて当地の博物館のハイライトとなっている、シンボリックな模型である。

全長26ｍのディッピーの大きさに圧倒されつつも、ふと見上げると、天井が動植物を描いたテラコッタ製のパネルで見事に覆われており、圧巻だ。館内は、ブルー、オレンジ、グリーン、レッドと、大きく４つのゾーンに分けられており、興味あるジャンルのみを見て回ることもできる。

シーラカンスや樹齢１３００年のジャイアントセコイヤの化石を見ながら、中央ホールを左に進み、ブルーゾーンへ。ここは、これでもかというほど恐竜の骨格が並ぶ「ダイナソー・ギャラリー」だ。ディスプレイもダイナミックで、子どもの歓声が絶えない。

鋭い嘴《くちばし》と角をもつトリケラトプスに迎えられ、まずは頭上に伸びる通路から展示を一望。次から次へと現れる標本群を過ぎた後は、電動のティラノサウルスがリアルに顔の表情を変え、長さ15㎝もの歯をむき出して餌を漁ろうとしているさまを間近で鑑賞。卵から孵化《ふか》したばかりのマイアサウラの模型も見られる。

さらに、三畳紀から白亜紀にかけての恐竜の種類と変化、死んでから化石になるまでの過程なども学習できる。大充実の展示である。

ほかのゾーンも、もちろん見どころ満載。巨大なシロナガスクジラの標本、阪神・淡路大震災の衝撃が再現された部屋、さまざまな宝石など、どのゾーンも自然の驚異と神秘、素晴らしさを感じられるつくりになっている。

しばし日常を忘れ、何億年もの歴史に思いを馳せながら、地球の営みに感じ入りたいものだ。

（三宅ゆき）

©The Natural History Museum, London

ディスプレイにもこだわりがある。これは"影"を効果的に使った、骨格標本を展示するコーナー。

●Cromwell Road,
London SW7 5BD
☎020・7942・5000
㊐10時～17時50分
（入館は17時30分まで）
㊡12/24～12/26
無料
www.nhm.ac.uk

©The Natural History Museum, London

動くティラノサウルスはここでもやはり人気。滑らかな動きがリアルな、アニマトロニクス模型だ。

©The Natural History Museum, London

いかにして古生物学者がバリオニクス(獣脚類)を発掘し、模型を作製したかを紹介するコーナー。

©The Natural History Museum, London

巨大なディプロドクス"ディッピー"の骨格模型が、来館者を出迎える。休日ともなれば、荘厳なホールは老若男女でいっぱいに。

France

国立自然史博物館

Muséum National d'Histoire Naturelle

いまはなき生物と、現代を結ぶ進化の糸。

●2, rue Buffon 75005 Paris
☎01・40・79・56・01
㊑10時〜17時（入館は16時15分まで）　㊡火、5/1
㊮大人7ユーロ、25歳以下無料　www.mnhn.fr

©Service Audiovisual-M.N.H.N.

恐竜展示コーナーの中央には、米・カーネギー博物館のオリジナルから型を取ったディプロドクスの骨格標本が。全長25・6m、高さ4m。20世紀初頭にカーネギーから贈与されたものだ。

古生物学館のシンボル、アロサウルスの骨格標本。1億5000万年前、ユタ州に棲息。

©M.N.H.N.-Bernard Faye

©Patrick Lafaite-M.N.H.N.

1872年に発掘された、フランスに棲息した若いマンモス（150万〜200万年前）。

パリの国立自然史博物館の一角にある比較解剖学・古生物学館は、1900年の万国博覧会時に開館。100年以上の歴史を誇り、アールヌーボー建築の館内は、ひときわアカデミックな雰囲気を醸し出している。

1階には現存する動物が、恐竜など過去の動物の骨は2階に展示されている。巨大な姿を見せるディプロドクスの左右に、イグアノドンとアロサウルスが並ぶ姿は圧巻。それを取り巻くようにティラノサウルスやトリケラトプスが並び、新生代のマンモスへ続く。「恐竜から鳥へ」「象の起源と発展」などの解説ボードも充実。今はなき動物たちと現代とを結ぶ進化の糸を、目の当たりにさせてくれる博物館だ。

（髙田昌枝）

China

中国古動物館

中国全土から集まる、稀少な発見の数々。

The Paleozoological Museum of China

広い中国のこと、各地で今も発掘プロジェクトが進行中だが、その集大成が北京の中国古動物館。1995年にオープン、20万点の収蔵品から常時約900点を展示する。

1階のエントランスを入ると、体長35m、アジア最大の恐竜「馬門渓龍」の模型が目に飛び込んでくる。2階では1939年に雲南省禄豊で出土した「許氏禄豊龍」が目玉のひとつ。完全に近い形で発見され、中国人の手で骨格標本に仕上げられた第1号の恐竜として、「中国第一龍」の愛称でも親しまれている。3階の古代哺乳類展では、完璧に近い形で残る250万年前の「黄河象」の骨格標本が見事だ。

ちなみに同館では、その名も『恐竜』という専門誌も発行している。

（原口純子）

1966年に、内モンゴルの吉蘭泰塩池で発見された「艾壁原巴克龍」。展示されている化石や骨格は中国で発見されたものが中心で、ラテン語名と中国語名が併記されている。

古動物館は中国科学院の敷地内にある。愛らしい恐竜模型が入り口で迎えてくれる。

「中国第一龍」の愛称で親しまれる「許氏禄豊龍」は、ここの展示の目玉のひとつ。

●北京市西城区西直門外大街142号
☎010・8836・9280
㊎9時〜16時30分（入館は16時まで）　㊡月
㊑一般20元、学生10元、身長120cm以下の児童は無料

ミクスト・リアリティ

Mixed Reality

骨が肉になって動く、3D体験の舞台裏。

ＣＧが日進月歩する昨今、生きた恐竜の再現映像を見たことがある人も多いだろう。しかし、現実と仮想空間には越えることのできない一線があり、恐竜が動く様子はあくまで「画面のあちら側」の出来事に過ぎなかった。その不満を解消すべく開発された最新技術がミクスト・リアリティ（ＭＲ）だ。

すべてがＣＧで合成されたヴァーチャル・リアリティに対し、ＭＲが実現したのは現実と仮想世界の融合。鍵となるのはＭＲスコープと呼ばれる、双眼鏡を大きくしたような機械だ。左右一対のＣＣＤカメラが内蔵され、スコープをのぞいた先の光景が有線でつながったコンピュータに取り込まれる。画像を投影させたい場所に設置されたマーカーを基準に三次元の座標を組み、ＣＧ画像をそこに投影する。そして投影された光景が再びスコープ内に表示されるというわけだ。

これが瞬時に行われるため、見る者はあたかも現実世界にあり得ないはずのものが出現したかのような錯覚を覚える。２０００年頃から開発され、現在は設計や医療などさまざまな分野での応用が期待されている。

放送大学の近藤智嗣准教授は国立科学博物

双眼鏡のようなMRスコープ越しに標本をのぞいてみると、骨格に肉が付き、オスニエロサウルスが動き出した(写真は合成)。目の前で動き回るこのかわいらしい恐竜を前後左右、さまざまな角度から眺められる。思い切って手を伸ばしてみると、実際には何もない。何とも不思議な感覚だ。

このように通常は何の変哲もないオスニエロサウルスの標本に過ぎない。四角形に幾何学模様が描かれたパネルは、現実世界にCGを投影する基準となるマーカーだ。

近藤智嗣准教授。1963年生まれ。2009年より放送大学准教授。

館とキヤノンとの共同研究によるMRで、恐竜を眼前で観察できる映像を制作した。

　試しに目の前に置かれた小型植物食恐竜オスニエロサウルスの骨格標本を、MRスコープ越しに覗いてみよう。標本の周辺にCGによる文字説明が表示され、音声ガイドが始まる。概説のあと、骨だけだったはずの標本に肉が付き、かつてこの恐竜が大地を闊歩していたであろう姿がそのまま3Dで復元される。と、突然目の前に大きな爬虫類の脚が！　一歩後ずさって見上げてみると、歩いているのはなんと巨大なアロサウルス。するとそれまで骨格標本のように動かなかったオスニエロサウルスにも異変が……。動き出した「彼」は展示台の上から飛び降り、アロサウルスと同じように、床の上を歩き始めた。大きさはちょうど大きな犬くらい。さまざまな角度からじっくりと観察することができる。

　近藤准教授は言う。

「新しい試みだったので、開発には違った分野の専門家が喜んで協力してくれました。今後は博物館の展示も、解説の文字を読むだけのものから、来館者が主体的に体験できる形へ進化していくでしょう。すでに海外でもMRによる恐竜展示を行うことができました。今後はこの技術で外国の博物館にある標本を国内で眺めたり、太古の世界を歩くようなことも可能になっていくかもしれません」

　恐竜と直に触れ合える日も、そう遠くないかもしれない。


（石﨑貴比古）

近藤准教授の研究室でMR映像を見ていると、いつしか周囲はジュラ紀の森林となっていた。遠くには巨大な肉食恐竜がゆっくりと闊歩する姿も。

恐竜のミニチュア模型。やはりMRによってCG映像と融合することで、手のひらサイズの恐竜が動き回る様子を観察することができる。

ロボット恐竜 Robotic Dinosaurs

コワ〜い恐竜で、子どもの心をわし掴み。

上手く名づけたものだ、〝恐竜〟はやはり恐ろしい――。恐竜関連のイベントや博物館で子どもたちを釘づけにするのが、動く恐竜。復元模型としての機能を果たしながら、見る者を驚かせ、楽しませてくれる。〝彼ら〟を生み出しているのが、アミューズメントロボット制作販売会社「ココロ」である。

「日本の博物館の動く恐竜は、ほとんど弊社が作っています」と話すのは、ココロ企画課の横田祐子さん。約40年前に創業した前身の会社は、グラフィックデザインを主に手がけたが、店頭のＰＯＰや置物など立体の宣伝物を手がけたことを機に、ロボット制作をスタート。その出自からか、同社では動く恐竜を、動く彫刻、「動刻」と呼ぶ。

「学術的に正しいものを作るようにしています。残された資料は骨格化石しかないので、まず標本や論文などの資料を集めて、学術的検証を繰り返した上で姿かたちを決めます。そして、その中に収まるように、動かす機械を1体1体、新設計していくんです」

そのため、基本はオーダーメイド。標準で3〜4カ月という制作過程は、人間の身体で考えるとわかりやすい。

「まずは骨格を金属で作り、機械を取り付けます。そこに弾力性のあるウレタンで肉付けして、シリコンでコーティングします。肉と皮の関係ができているので、しわも自然にできるんです」

動力には安全な空気圧を採用。エアシリン

ダーが筋肉のような働きをすることで、恐竜が動く。そのために身体中に張り巡らされたエアチューブは、まるで血管のようだ。こうして、恐竜に命が吹き込まれていく。

　時間に余裕があれば、レンタル用の動刻を開発する。考えるのは、次に人気が出そうな

学術的な検証を行いながら恐竜の姿かたちを決め、それに合わせて機械を設計し図面化。

作業の一方で、動きを制御する部署も始動。コントロール系の製作を始める。

恐竜。恐竜にも流行《トレンド》がある。

「今まではアジアが注目されていましたが、次に来そうなのは南米の恐竜です。最近、南米で新しい化石がどんどん出ていて、しかも新種。それがハマったら、南米系の恐竜のオーダーが増えると思いますね」

　研究者との世界的ネットワークを持ち、驚くほど恐竜に詳しい横田さん。子どもの頃から恐竜が好きだった。

「会社に入った時にはたいていの恐竜の名前を言えました。同僚にもやはり、恐竜好きな人が集まっています」

　彼女たちが動かすのは、恐竜だけではない。狙うは人間の〝ココロ〟だ。

「見て『スゴい』と思ってもらえたら、それだけでうれしい。さらに、子どもが泣いちゃったりすると最高。だって、怖がらせるために作ってますから」

　そう言ってニヤリ。恐竜が恐ろしいのは、当然である。


（泊 貴洋）

骨格を組み上げ、エアシリンダーなどの機械を付ける。大型恐竜はクレーンを使用。

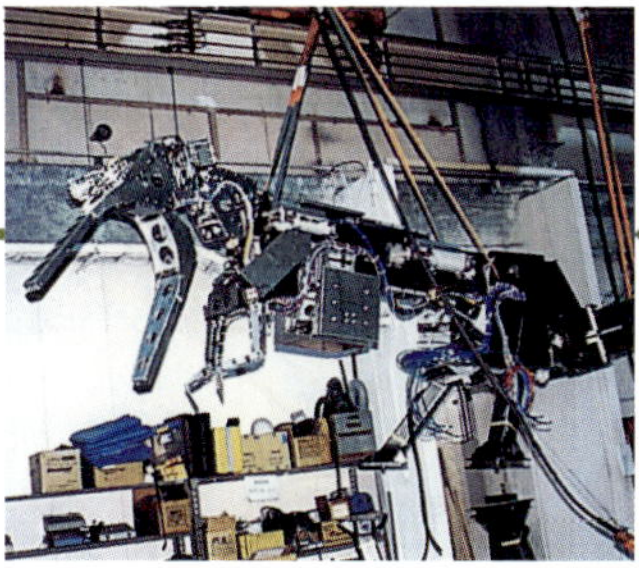

ウレタンの塊から恐竜の形を彫り出し、骨格を包むように接着。いわば肉付け作業。

肉付けが完了したら、シリコンでコーティングする。これが恐竜の“皮膚”となる。

皮膚の模様を彫って、色付けしていく。歯を埋め込むなどの仕上げ作業を経て造形終了。

完成した恐竜は設置専門スタッフによって現場に搬入され、動きの演出・最終調整を行う。

完成作品。写真は、福井県立恐竜博物館のもの。来館した子どもたちの目は釘づけだ。

発掘ツアーに参加して、目指せ〝恐竜博士〟！

先に取り上げた福井県立恐竜博物館を取材したのは、春休みのある1日。大勢の人で賑わう様子からは、恐竜ブームが来ているな、と感じられた。近頃は化石の発掘を趣味とするアマチュアハンターも増えていて、一般人が大物の発掘に関わっていることも少なからず背景にあるようだ。

　発掘現場の臨場感に触れたいと思うのは、恐竜ファンなら当然のこと。そこで、ここではカナダの「ロイヤル・ティレル博物館」と、日本の「ゴビサポート ジャパン」の取り組みを紹介しよう。

　世界3大恐竜博物館のひとつであるロイヤル・ティレル博物館では、発掘作業の見学ツアーや、体験や調査ができるプログラムなど、一般人も気軽に参加できる催しを数多く行っている。教育事業にも熱心で、子ども向けの発掘シミュレーションや、親子のためのサマーキャンプなどは人気のプログラムだ。

　一方、ゴビサポート ジャパンが主催するモンゴル・ゴビ砂漠での発掘ツアーは、より本格的な内容。写真は2005年のツアーの様子で、北海道大学の研究者を指導者として、博士を目指す学生や一般の恐竜ファンなど約20名が参加した。この時もダチョウに似た獣脚類であるオルニトミムス類を丸ごと一体発見するなど、参加者たちにとっては非常に貴重な経験となったという。

　発掘ツアーは「恐竜博士」への第一歩。興味のある方はお問い合わせを！

© Gobi Support Japan

2005年8月、内モンゴル国境に近いシンホダク・オス(「新しい泉」の意)でのツアーの様子。大型植物食恐竜の一部を発見。

日本 Japan

ゴビサポート ジャパン
Gobi Support Japan

1996年、群馬県神流町(旧中里村)恐竜センター職員だった高橋功さんが、モンゴル国科学アカデミーが行っていた発掘作業をサポートしたのを機に始まった発掘ツアー。2002年に役所を退職した高橋さんは、法人としてゴビサポート ジャパンを設立し、現在は代表を務める。ゴビ砂漠での発掘ツアーのほか、モンゴル政府から預かっている化石を日本の博物館や科学館に提供するなど、モンゴル恐竜に関して幅広い活動を展開。モンゴルの発掘ツアーは毎年夏に行っている。問い合わせは、☎0274・58・2423、もしくはisao.t@isis.ocn.ne.jpまで。

数日〜1週間、キャンプを張って発掘体験をする「Encana Badlands Science Camp」。

© Royal Tyrrell Museum

カナダ Canada

ロイヤル・ティレル博物館
The Royal Tyrrell Museum

ロイヤル・ティレル博物館があるカナダのアルバータ州は、化石が数多く発見されている、いわば恐竜の名所だ。同館では貴重な化石を収集・保存・展示するだけでなく、それらをもとに研究や教育を行う場としても機能している。その一環として実施されている発掘ツアーやプログラムは多岐にわたり、発掘体験ができる「Dinosite!」や、いつ頃どこで発見されたのかなど、ディテールを検証しながら化石のレプリカを作製する「Fossil Casting」など、興味深いものがたくさん。詳細は、www.tyrrellmuseum.comで確認を。

「恐竜絶滅」という、大いなるミステリー

文・真鍋 真　国立科学博物館 研究主幹

地球は誕生以来、5回の大量絶滅を経験してきました。恐竜やアンモナイト、翼竜が絶滅した6550万年前もそのひとつですが、史上最大の絶滅は古生代末期（2億5000万年前）に起こったものです。

古生代は爬虫類よりも哺乳類の系統が繁栄していた時代。哺乳類の系統はこの時に衰退

© Utako Kikutani　協力／朝日新聞社

しますが、その後に繁栄した恐竜が絶滅したために復活しました。６５５０万年前だけに関心が集まりがちですが、長い歴史のつながりで考える必要があります。

かつて恐竜は「絶滅するべくして絶滅した」と考えられていました。冷血動物で体温調節ができない爬虫類より哺乳類のほうが、はるかに適応力があるからです。しかし１９６０年代末、アメリカの古生物学者ジョン・オストロムらが唱えた「恐竜温血説」により、恐竜にも高い適応力を持つものがいたことがわかりました。そこで改めて絶滅の理由が大きな疑問となったのです。

絶滅の原因はひとつではなく、多くの要因が絡み合っています。なかでも重要なのは隕石の衝突。１９８０年、カリフォルニア大学の地質学者ウォルター・アルバレスらは６５５０万年前のK/pg境界という地層を分析し、隕石に多く含まれる物質イリジウムの割合が非常に高いことに気づきました。そこで隕石による絶滅説を唱えたのです。

山火事や津波が起こり、巻き上げられた塵や埃が地球を覆って太陽光線が届かなくなり、急速な寒冷化で植物、植物食恐竜、肉食恐竜が連鎖的に絶滅したというのです。しかし、恐竜学者たちが丹念に集めた化石の分布データを度外視した彼らは猛反発に遭いました。

火山による環境悪化と、とどめを刺した隕石。

隕石説以前に最も有力な原因と考えられていたのが、インドのデカン高原における火山の噴火です。いくら大きな隕石でも、直径１万２０００㎞の地球にとってはごく小さなものですから、火山説のほうがインパクトが大きそうだったのです。

しかし、この噴火は「爆発」ではなく200万年以上の長期間を経た「溶岩噴出」。有毒ガスは発生したものの、粉塵が全地球を覆うような現象は起こらなかったようでした。それゆえ、火山だけが急激な絶滅の原因とはなりにくいのです。

懐疑的に見られた隕石説ですが、1990年、メキシコのユカタン半島に直径170kmのクレーターが見つかりました。推定で直径10kmの巨大隕石が、イリジウムの急激な増加時期と合致する6550万年前にぶつかった動かぬ証拠です。この発見によって、隕石衝突説は一気に真実味を増しました。K/pg境界のイリジウムの元となったのはユカタン半島とは別の隕石ではないかとか、二つの隕石が衝突したのではないかという説もありましたが、ユカタン半島の単一の隕石だった可能性が最も高いという論文が12カ国41名の研究者の連名でサイエンス誌に掲載されました。

過去には、直径10km以上の隕石が衝突しても生物界に大きな変化はおよぼさなかったこともあります。重要なのは当たりどころと時期です。6550万年前は火山活動で環境が悪化しており恐竜にとってタイミングが非常に悪かった。また、浅い海に落ちたため、隕石と地球表面の破片が水蒸気と一緒に地球全体に吹き上げられ、陸上に落ちるよりもずっと影響が大きくなったでしょう。いわば〝とどめ〟として隕石がぶつかったと言えるかもしれません。

恐竜は鳥に姿を変え、いまもなお生きている!?

6550万年前にティラノサウルスやトリケラトプスといった最後の恐竜が絶滅したと考えられるのは、以降の地層からは化石が

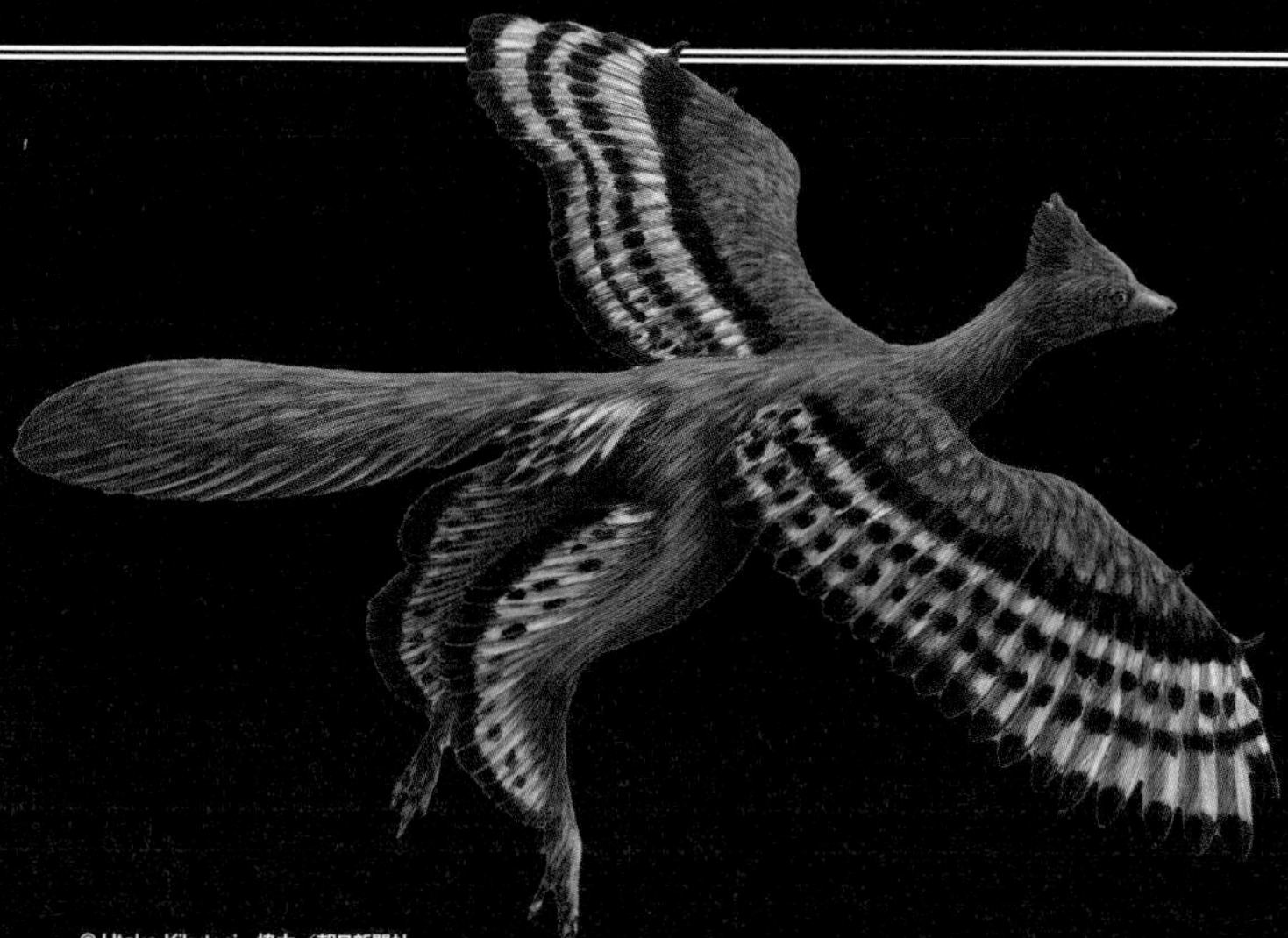

© Utako Kikutani　協力／朝日新聞社

出なくなるからです。恐竜の多様性をグラフに描いた時、隕石が決定的原因ならば、緩やかなカーブを描いてゼロに近づくのではなく、６５５０万年前を境にガクンと線が下がるはず。１９９０年代後半から２０００年代の初めに、ノースカロライナ州立大学とデンバー自然科学博物館がその点を検証するプロジェクトを行い、私も参加しました。その結果、恐竜はＫ／pg境界の直前まで多様性が下がっていなかったらしいことがわかりました。

　恐竜は絶滅したわけではありません。「恐竜は鳥に姿を変え、現代まで生き続けているから絶滅していない」というのが私の見解です。

　鳥類と恐竜の骨格は非常に似通っており、１９９５年頃まではその違いといえば羽毛の有無くらい。当時、恐竜と鳥との間を埋める進化のミッシングリンクには始祖鳥しかいませんでした。しかし、96年に中国で羽毛恐竜が発見され、その後続々と恐竜から鳥類へと進化する過渡期が明らかになったのです。今ではどこまでが恐竜でどこからが鳥なのか、境界が引けなくなってしまった。恐竜のDNAは鳥に受け継がれて大繁栄していると言って間違いはないでしょう。

　鳥は生き残ったのに、恐竜はなぜ生き残れなかったのか。運命の境目は、必要な餌の量だったと思われます。身体が大きな動物の方がより多くの食物を必要とするため、大型の恐竜は絶滅のリスクが高かったし、同じ体重なら恒温動物は変温動物に比べて約5倍の餌を必要とします。

　比較的大きな爬虫類であるトカゲやワニは、変温動物のため生き残ることができました。鳥も75％ほど絶滅しましたが、わずかな生き残りが次世代につながったのです。

　恐竜の絶滅には「珍説」が多数あります。伝染病、大気組成の変化、超新星の爆発など宇宙に根拠を求める人もいます。確かに、どんな説にも可能性はあるでしょう。しかし、証拠がなければ議論の俎上《そじょう》には載せられません。

　諸説が入り乱れるのは、ただひとつの理由だけで説明しようとするためです。地球環境においてひとつの理由で説明がつくことはむしろ少なく、単純な要因を探し続けるから〝ミステリーの森〟に迷い込んでしまう。人は、環境変化や温暖化といったグローバルな問題の原因が何か、喧々諤々と議論しています。しかし、それらを簡単に説明できないのは、複数の大きな要因が複雑に絡み合ったものだからなのかもしれません。

真鍋 真

Makoto Manabe

●1959年生まれ。国立科学博物館地学研究部研究主幹。横浜国立大学卒業後、米イェール大学で修士号、英ブリストル大学で博士号を取得。日本の恐竜研究の第一人者で、ティラノサウルス類の初期進化の研究などで知られるが、三畳紀の魚竜から白亜紀のトカゲまでその研究対象はさまざま。最近は白亜紀の環境変化と恐竜の進化の関連性、鳥類の羽毛の進化と視覚コミュニケーションの関連性などに関心をもっている。『日本恐竜探検隊』(岩波書店)『増補改訂　恐竜の生態図鑑』(学習研究社)など著書・監修書籍多数。

*博物館の基本情報は、2011年5月末現在のものです。

文 泊 貴洋(p.24〜28、p.86〜87、p.101〜106、p.110〜113、p.129〜131)、
石崎貴比古(p.29〜33、p.48、p.64、p.78、p.83〜85、p.108、p.114〜117、
p.126〜128)、今村博幸(p.34〜47)、土田貴宏(p.50〜56)、
三宅ゆき(p.57〜59、p.121〜123)、仁尾帯刀(p.66〜71)、辻本亮典(p.96〜97)、
森 光世(p.118〜120)、髙田昌枝(p.124)、原口純子(p.125)

写真 渡邊美佐(p.20、p.26、p.58〜59、p.89〜91)、カオリ・スズキ(p.23、p.92〜95)、
丸本孝彦(p.50〜53、p.55〜56、p.80〜82、p.99)、
殿村誠士(p.60、p.76〜77、p.85、p.87、p.111〜117、p.126〜128、
p.130〜131、p.139)、仁尾帯刀(p.66〜71)、エンゾ・アマト(p.73〜74)、
西村仁見(p.97)、柴志栄(p.125)

イラスト 福岡昭二(ⅱ〜ⅴ)、阿久津有美(ⅱ〜ⅴ)

取材・コーディネート 不破旬子、坂本 学、テル・ハルタ、ケイタ・ヤマムラ、天羽智美、
ユーメディア、藤野晶子、品川一治(トボガン)、坂田智佐子

地図製作 デザインワークショップジン

協力 ケント・スティーブンス(オレゴン大学教授)、
田村宏治(東北大学教授)、
藤原慎一(東京大学総合研究博物館ポスドク研究員)、
大橋智之(北九州市立自然史・歴史博物館学芸員)、
對比地孝亘(国立科学博物館非常勤研究員)、
長谷川政美(復旦大学生命科学学院教授、統計数理研究所特命教授)、
近藤智嗣(放送大学准教授)

校閲 麦秋アートセンター

ブックデザイン SANKAKUSHA

カバーデザイン 佐藤光生(SANKAKUSHA)

pen BOOKS

恐竜の世界へ。ここまでわかった！ 恐竜研究の最前線

2011年7月12日　　初版発行

監修者　　真鍋 真
編　者　　ペン編集部
発行者　　五百井健至
発行所　　株式会社阪急コミュニケーションズ

〒153-8541　東京都目黒区目黒1丁目24番12号
電話　03-5436-5721（販売）
　　　03-5436-5735（編集）
振替　00110-4-131334

印刷・製本　　凸版印刷株式会社

©HANKYU COMMUNICATIONS Co., Ltd., 2011
Printed in Japan
ISBN978-4-484-11217-6
乱丁・落丁本はお取り替えいたします。
本書掲載の写真・イラスト・記事の無断複写・転載を禁じます。

ペン・ブックスシリーズ好評刊行中

001

ダ・ヴィンチ 全作品・全解剖。

池上英洋[監修]
ペン編集部[編]
ISBN978-4-484-09212-6
112ページ　1500円

すべての絵画作品と膨大な手稿を徹底解剖。“人間レオナルド”の生身に迫る！

002

パリ美術館マップ

ペン編集部[編]
ISBN978-4-484-09215-7
136ページ　1600円

オルセー、ポンピドゥー、ケ・ブランリーから小さな美術館・博物館まで、街中に点在する魅力的な44館をたっぷり紹介！

003

ルーヴル美術館へ。

ペン編集部[編]
ISBN978-4-484-09214-0
112ページ　1600円

さまざまな分野のプロたちが、自分だけの“ルーヴル”を案内。新たな視点から見た、絢爛たる王宮の真の姿とは。

004

神社とは何か？ お寺とは何か？

武光 誠[監修]
ペン編集部[編]
ISBN978-4-484-09231-7
136ページ　1500円

日本の神話、心に響く仏像から、いま訪れるべき寺社まで。

005

茶の湯デザイン

木村宗慎[監修]
ペン編集部[編]
ISBN978-4-484-09216-4
200ページ　1800円

茶室、茶道具、花、懐石、菓子、抹茶……日本の伝統美の極みを、あらゆる角度から味わい尽くす。

006

千利休の功罪。

木村宗慎[監修]
ペン編集部[編]
ISBN978-4-484-09217-1
152ページ　1500円

黒樂茶碗、茶室「待庵」、北野大茶湯……「茶聖」が生んだ、比類なきデザイン性のすべて。

別途税が加算されます。

pen BOOKS

008

もっと知りたい戦国武将。

ペン編集部[編]

ISBN978-4-484-10202-3
136ページ　1500円

乱世を駆け抜けた男たちの美学、デザイン、生きざまを知る決定版。武人の知られざる才能から城、甲冑、家紋まで。

007

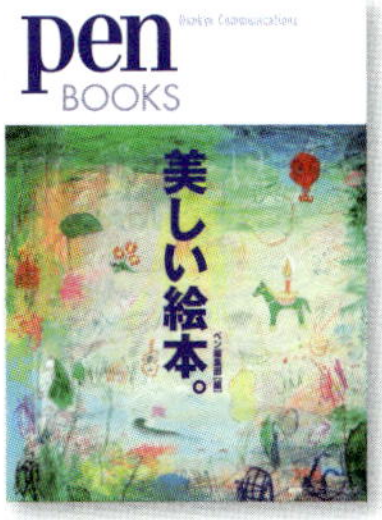

美しい絵本。

ペン編集部[編]

ISBN978-4-484-09233-1
124ページ　1500円

世界の旬な絵本作家、仕掛け絵本の歴史、名作復刊のトレンド……イマジネーションを刺激する、100冊を紹介。（装画・荒井良二）

010

広告のデザイン

ペン編集部[編]

ISBN978-4-484-10209-2
112ページ　1500円

ドーフスマン、DDB、シーモア・クワスト、山名文夫……広告デザイン史に金字塔を打ち立てた、世界が誇る名作・傑作を一挙掲載。

009

江戸デザイン学。

ペン編集部[編]

ISBN978-4-484-10203-0
120ページ　1500円

浮世絵、出版物、書にグラフィック……「粋（いき）」という美意識が生んだパワフルで洗練された庶民文化に、いまこそ注目！

012

印象派。絵画を変えた革命家たち

ペン編集部[編]

ISBN978-4-484-10228-3
168ページ　1600円

ゴッホ、モネ、ルノワール、セザンヌ、マネ、ドガなど印象派・ポスト印象派の15人を一挙紹介！

011

1冊まるごと佐藤可士和。[2000-2010]

ペン編集部[編]

ISBN978-4-484-10215-3
200ページ　1700円

日本を代表するアートディレクターを徹底解剖。ユニクロ柳井正との対談、村上隆との幻のコラボも掲載。